中国民居建筑丛书

内蒙古民居

齐卓彦 等 编著

中国建筑工业出版社

图书在版编目（CIP）数据

内蒙古民居 / 齐卓彦等编著 . —北京：中国建筑工业出版社，2019.12
（中国民居建筑丛书）
ISBN 978-7-112-24486-7

Ⅰ．①内… Ⅱ．①齐… Ⅲ．①少数民族－民居－研究－内蒙古 Ⅳ．
① TU241.5

中国版本图书馆 CIP 数据核字（2019）第 282047 号

　　本书按文化形态的差异把内蒙古民居分为蒙古族民居、汉族及汉族式民居，以及东北部其他少数民族民居三部分，从民居形成背景、民居建筑形态特征、少数民族民居文化内涵、民居营建适宜性及营建工艺等方面进行较为系统的梳理，希望为内蒙古民居研究提供基础资料与学术启发，为民居的保护与传承提供参考。本书适用于建筑学、文化遗产保护、民居研究及相关专业从业人员、在校师生、政府工作人员等阅读使用。

编写人员：齐卓彦、额尔德木图、白苏日图、王卓男、
　　　　　 李国保、殷俊峰、马悦、史艺林、任中龙

文字编辑：李东禧
责任编辑：唐　旭　张　华
责任校对：王　瑞

中国民居建筑丛书
内蒙古民居
齐卓彦　等　编著
*
中国建筑工业出版社出版、发行（北京海淀三里河路9号）
各地新华书店、建筑书店经销
北京富诚彩色印刷有限公司印刷
*
开本：880×1230毫米　1/16　印张：13　字数：339千字
2019年12月第一版　2019年12月第一次印刷
定价：138.00 元
ISBN 978-7-112-24486-7
（35142）

《中国民居建筑丛书》编委会

主　任：王珮云

副主任：沈元勤　陆元鼎

总主编：陆元鼎

编　委（按姓氏笔画排序）：

丁俊清　王　军　王金平　王莉慧　左满常　业祖润

曲吉建才　朱良文　齐卓彦　李东禧　李先逵　李晓峰

李乾朗　杨大禹　杨新平　张鹏举　陆　琦　陈震东

罗德启　周立军　单德启　徐　强　黄　浩　雷　翔

雍振华　谭刚毅　戴志坚

总序——中国民居建筑的分布与形成

陆元鼎

先秦以前，相传中华大地上主要生存着华夏、东夷、苗蛮三大文化集团，经过连年不断的战争，最终华夏集团取得了胜利，上古三大文化集团基本融为一体，形成一个强大的部族，历史上称为夏族或华夏族。

春秋战国时期，在东南地区还有一个古老的部族称为"越"或"於越"，以后，越族逐渐被夏族兼并而融入华夏族之中。

秦统一各国后，到汉代，我国都用汉人、汉民的称呼，当时，它还不是作为一个民族的称呼。直到隋唐，汉族这个名称才基本固定下来。

历史上的汉族与我国现代的汉族的含义不尽相同。历史上的汉族，实际上从大部族来说它是综合了华夏、东夷、苗蛮、百越各部族而以中原地区华夏文化为主的一个民族。其后，魏晋南北朝时期，西北地带又出现乌桓、匈奴、鲜卑、羯、氐、羌等部族，南方又有山越、蛮、俚、僚、爨等部族，各部族之间经过不断的战争和迁徙、交往达到了大融合，成为统一的汉民族。

汉族地区的发展与分布

汉族祖先长时间来一直居住在以长安京都为中心的中原地带，即今陕、甘、晋、豫地区。东汉——两晋时期，黄河流域地区长期战乱和自然灾害，使人民生活困苦不堪。永嘉之乱后，大批汉人纷纷南迁，这是历史上第一次规模较大的人口迁徙。当时大量人口从黄河流域迁移到长江流域，他们以宗族、部落、宾客和乡里等关系结队迁移。大部分西移到江淮地区，因为当时秦岭以南、淮河和汉水流域的一片土地还是相对比较稳定的；也有部分人民南迁到太湖以南的吴、吴兴、会稽三郡，也有一些人民迁入金衢盆地和抚河流域；再有部分则沿汉水流域西迁到四川盆地。

隋唐统一中原，人民生活渐趋稳定和改善，但周边民族之间的战争和交往仍较频繁。周边民族人民不断迁入中原，与中原汉人杂居、融合，如北方的一些民族迁入长安、洛阳和开封、太原等地。也有少部分迁入陕北、甘肃、晋北、冀北等地。在西域的民族则东迁到长安、洛阳，东北的民族则向南入迁关内。通过移民、杂居、通婚，汉族和周边民族之间加强了经济、文化的交往，包括农业、手工业、生活习俗、语言、服饰的交往，可以说已经融合在汉民族文化之内了。到北宋时期，中原文献中已没有突厥、胡人、吐蕃、沙陀等周边民族成员的记载了。

北方汉族人民，以农为本，大多安定于本土，不愿轻易离开家乡。但是到了唐中叶，北方战乱频繁，土地荒芜，民不聊生。安史之乱后，北方出现了比西晋末年更大规模的汉民南迁。当时，在迁移的人群中，不但有大量的老百姓，还有官员和士大夫，而且大多是举家举族南迁。他们的迁移路线，根据史籍记载，当时南迁大致有东、中、西三条路线。

东线：自华北平原进入淮南、江南，再进入江西。其后再分两支，一支沿赣江翻越大庾岭进入岭南，一支翻越武夷山进入福建。

东线移民渡过长江后，大致经两条路线进入江西。一支经润州（今镇江市）到杭州，再经浙西婺州（今金华市）、衢州入江西信州（今上饶市）；另一条自润州上到升州（今南京市），沿长江西上，在九江入鄱阳湖，进入江西。到达江西境内的移民，有的迁往江州（今南昌市）、筠安（今高安）、抚州（今临川市）、袁州（今宜春市）。也有的移民，沿赣江向上到虔州（今赣州市）以南翻越大庾岭，进入浈昌（今广东省南雄县），经韶州（今韶关市）南行入广州。另一支从虔州向东折入章水河谷，进入福建汀州（今长汀县）。

中线：来自关中和华北平原西部的北方移民，一般都先汇集到邓州（今河南邓州市）和襄州（今湖北襄樊市）一带，然后再分水、陆两路南下。陆路经过荆门和江陵，渡长江，从洞庭湖西岸进入湖南，有的再到岭南。水路经汉水，到汉中，有的再沿长江西上，进入蜀中。

西线：自关中越秦岭进入汉中地区和四川盆地，途中需经褒斜道、子午道等栈道，道路崎岖难行。由于它离长安较近，虽然，它与外界山脉重重阻隔，交通不便，但是，四川气候温和，土地肥沃，历史上包括唐代以来一直是经济、文化比较发达的地区，相比之下，蜀中就成为关中和河南人民避难之所。因此，每逢关中地区局势动荡，往往就有大批移民迁入蜀中。而每当局势稳定，除部分回迁外，仍有部分士民、官宦子弟和从属以及军队和家属留在本地。虽然移民不断增加但大量的还是下层人民，上层贵族官僚西迁的仍占少数。

从上述三线南迁的过程中，当时迁入最多的是三大地区，一是江南地区，包括长江以南的江苏、安徽地区和上海、浙江地区；二是江西地区；三是淮南地区，包括淮河以南、长江以北的江苏、安徽地带，福建是迁入的其次地区。

淮南为南下移民必经之地。由于它离黄河流域稍远，当时该地区还有一定的稳定安宁时期，因此，早期的移民在淮南能有留居的现象。但是随着战争的不断蔓延和持续，淮南地区的人民也不得不再次南迁。

在南方入迁的地区中，由于江南比较安定，经济上相对富裕，如越州（今浙江绍兴）、苏州、杭州、升州（今南京）等地，因此导致这几个地区的人口越来越密集。其次是安徽的歙州（今歙县地区）、婺州（今浙江金华市）、衢州，由于这些地方是进入江西、福建的交通要道，北方南下的不少移民都在此先落脚暂居，也有不少就停留在当地落户成为移民。

当然，除上述各州之外，在它们附近的诸州也有不少移民停留，如江南的常州、润州（今江苏镇江），淮南的扬州、寿州（今安徽寿县）、楚州（今江苏淮河以南盱眙以东地区），江西的吉州（今吉安市）、饶州（今景德镇市），福建的福州、泉州、建州（今建瓯市）等。这些移民长期居留在州内，促进了本地区经济和文化的发展，因此，自唐代以来，全国的经济文化重心逐渐移向南方是毫无异议的。

北宋末年，金兵骚扰中原，中州百姓再一次南迁，史称靖康之乱。这次大迁移是历史以来规模最大的一次，估计达到三百万人南下。其中一些世代居住在开封、洛阳的高官贵族也陆续南迁。这次迁移的特点是迁徙面更广更长，从州府县镇，再到乡村，都有移民足迹。

历史上三次大规模的南迁对南方地区的发展具有重大意义。三次移民中，除了宗室、贵族、官僚地主、宗族乡里外，还有众多的士大夫、文人学者，他们的社会地位、文化水平和经济实力较高，到达南方后，无论在经济上、文化上，都使南方地区获得了明显的提升和发展。

南方地区民系族群的形成就是基于上述原因。它们具有同一民族的共性，但是，不同的民系地域，虽然同样是汉族，由于南北地区人口构成的历史社会因素、地区人文、习俗、环境和自然条件的差异，都会给族群居住方式带来不同程度的影响，从而，也形成了各地区不同的居住模式和特色。

民系的形成不是一朝一夕或一次性形成的，而是南迁汉民到达南方不同的地域后，与当地土著人民融合、沟通、相互吸取优点而共同形成的。即使在同一民系内部，也因南迁人口的组成、家渊以及各自历史、社会和文化特质的不同而呈现出地域差别。在同一民系中，由于不同的历史层叠，形成较早的民系可能保留较多古老的历史遗存。如越海民系，它在社会文化形态上就会有更多的唐宋甚至明清各时期的特色呈现。也有较晚形成的民系，在各种表现形态上可能并不那么古老。也有的民系，所在区域僻处一隅，长期以来与外界交往较少，因而，受北方文化影响相对较少。如闽海民系，在它的社会形态中会保留多一些地方土著特点。这就是南方各地区形态中保留下来的文化移入的持续性、文化特质的层叠性，同时又有文化形态的区域差异性。

历史上，移民每到一个地方都会存在着一个新生环境问题，即与土著社群人民的相处问题。实际上，这是两个文化形体总合力量的沟通和碰撞，一般会产生三种情况：一，如果移民的总体力量凌驾于本地社群之上，他们会选择建立第二家乡，即在当地附近地区另择新点定居；二，如果双方均势，则采用两种方式，一是避免冲撞而选择新址另建第二家乡，另一是采取中庸之道彼此相互渗入，和平地同化，共同建立新社群；三，如果移民总体力量较小，在长途跋涉和社会、政治、经济压力下，他们就会采取完全学习当地社群的模式，与当地社群融合、沟通，并共同生存、生活在一起。当然，也会产生另一情况，即双方互不沟通，在这种极端情况下，移民被迫为了保护自己而可能另建第二家乡。

在北方由于长期以来中原地区和周边民族的交往沟通，基本上在中原地区已融合成为以中原文化为主的汉民族，他们以北方官话为共同方言，崇尚汉族儒学礼仪，基本上已成为一个广阔地带的北方民系族群。但是，如山西地区，由于众多山脉横贯其中，交通不便，当地方言比较悬殊，与外界交往沟通也比较困难，在这种特殊条件下，形成了在北方大民系之下的一个区域地带。

到了清末，由于我国唐宋以来的州和明清以来的府大部分保持稳定，虽然明清年代还有"湖广填四川"和各地移民的情况，毕竟这是人口调整的小规模移民。但是，全国地域民系的格局和分布都已基本定型。

民族、民系、地域在形成和发展过程中，由稳定到定型，必然需要建造宅居。宅居建筑是人类满足生活、生存最基本的工具和场所。民居建筑形成的因素很多，有社会因素、经济物质因素、自然环境因素，还有人文条件因素等。在汉族南方各地区中，由于历史上的大规模南迁，北方人民与南方土著社群人民经过长期来的碰撞、沟通和融合，对当地土著社群的人口构成、经济、文化和生产、生活方式、礼仪习俗、语言（方言），以及居住模式都产生了巨大的影响和变化。对民居建筑来说，由于自然条件、地理环境以及社会历史、文化、习俗和审美的不同，也导致了各地民居类型、居住模式既有共同特征的一面，也有明显的差异性，这就是我国民居建筑之所以丰富多彩、绚丽灿烂的根本原因。

少数民族地区的发展与分布

我国少数民族分布，基本上可以分为北方和南方两个地区。现代的少数民族与古代的少数民族不同，他们大多是从古代民族延伸、融合、发展而来。如北方的现代少数民族，他们与古代居住在北方的沙漠和山林地带的乌孙、突厥、回纥、契丹、肃慎等民族有着一定的渊源，而南方的现代少数民族则大多是由古代生活在南方的百越、三苗和从北方南迁而来的氐羌、东夷等民族发展演变而来。他们与汉族共同组成了中华民族，也共同创造了丰富灿烂的中华文化。

我国的西北部土地辽阔，山脉横贯，古代称为西域，现今为新疆维吾尔自治区。公元前2世纪，匈奴民族崛起，当时西域已归入汉代版图。唐代以后，漠北的回鹘族逐渐兴起，成为当时西域的主体民族，延续至今即成为现在的维吾尔族。

我国北方有广阔的草原，在秦汉时代是匈奴民族活动的地方。其后，乌桓、鲜卑、柔然民族曾在此地崛起，直至6世纪中叶柔然汗国灭亡。之后，又有突厥、回鹘、女真等族系在此活动。12～13世纪，女真族建立金朝。其后，与室韦—鞑靼族人有渊源关系的蒙古各部在此开始统一，延续至今，成为现代的蒙古族。

在我国西北地区分布面较广的还有一个民族叫回族。他们多聚居于宁夏回族自治区和甘肃、青海、新疆维吾尔自治区及河南、河北、山东、云南等省区。

回族的主要来源是在13世纪初，由于成吉思汗的西征，被迫东迁的中亚各族人、波斯人、阿拉伯人以及一些自愿来的商人，来到中国后定居下来，与当时的蒙古、畏兀儿、唐兀、契丹等民族有所区别。他们与汉人、畏兀儿人、蒙古人，甚至犹太人等，以伊斯兰教为纽带，逐渐融合而成为一个新的民族，即回族。可见回族形成于元代，是非土著民族，且长期定居下来延续至今。

在我国的东北地区，史前时期有肃慎民族，西汉称为挹娄，唐代称为女真，其后建立了后金政权。1635年，皇太极继承了后金皇位后，将族名正式定为满族，一直延续至今即现代的满族。

朝鲜族于19世纪中叶迁到我国吉林省后，延续至今。此外，东北地区还有赫哲族、鄂伦春族、达斡尔族等，他们人数较少，但是，他们民族的历史悠久可以追溯到古代的肃慎、契丹民族和北方的通古斯人。

在西南地区，据史书记载，古羌人是祖国大西北最早的开发者之一，战国时期部分羌人南下，向金沙江、雅砻江一带流徙，与当地原著族群交流融合逐渐发展演变为羌、彝、白、怒、普米、景颇、哈尼、纳西等民族的核心。苗族、瑶族的先民与远古九寨、三苗有密切关系，经过长期频繁的辗转迁徙，逐步在湖南、湖北、四川、贵州等地区定居下来。畲族亦属苗瑶语族，六朝至唐宋，其先民已聚居在闽粤赣三省交界处。东南沿海地区的越部落集团，古代称为"百越"，它聚居在两广地区，其后，向西延伸，散及贵州、云南等地，逐渐发展演变为壮、傣、布依、侗等民族。"百濮"是我国西南地区的古老族群，其分布多与"百越"族群交错杂居，逐渐发展为现今的佤族等民族。

我国西南地区青藏高原有着举世闻名的高山流水，气象万千的林海雪原，更有着丰富的矿产资源，世界最高峰珠穆朗玛峰耸立在喜马拉雅山巅，从西藏先后发现旧石器到新石器时代遗址数十处，证明至少在5万年前，藏族的先民就繁衍生息在当今的世界屋脊之上。

据史书记载，藏族自称博巴，唐代译音为"吐蕃"。公元7世纪初建立王朝，唐代译为吐蕃王朝，族群大多居住在青藏高原，也有部分住在甘肃、四川、云南等省内，延续至今即为现在的藏族。

羌族是一个历史悠久的古老民族，分布广泛，支系繁多。古代羌族聚居在我国西部地区，即现甘肃、青海一带。春秋战国时期，羌人大批向西南迁徙，在迁徙中与其他民族同化，或与当地土著结合，其中一支部落迁徙到了岷山江上游定居，发展成为今日的羌族。他们的聚居地区覆盖四川省西北部的汶川、理县、黑水、松潘、丹巴和北川等七个县。

彝族族源与古羌人有关，两千年前云南、四川已有彝族先民，其先民曾建立南诏国，曾一度是云南地区的文化中心。彝族分布在云、贵、川、桂等地区，大部分聚居在云南省内，几乎在各县都有分布，比较集中在楚雄、红河等自治州内。

白族在历史发展过程中，由大理地区的古代土著居民融合了多种民族，包括西北南下的氐羌人，历代不断移居大理地区的汉族和其他民族等，在宋代大理国时期已形成了稳定的白族共同体。其聚居地主要在云贵高原西部，即今云南大理地区。

纳西族历史文化悠久，它也渊源于南迁的古氐羌人。汉以前的文献把纳西族称为"牦牛种"、"旄牛夷"，晋代以后称为"摩沙夷"、"么些"、"么梭"。过去，汉族和白族也称纳西族为"么梭"、"么些"。"牦"、"旄"、"摩"、"么"是不同时期文献所记载的同一族名。新中国成立后，统一称"纳西族"。现在的纳西族聚居地主要集中在云南的金沙江畔、玉龙山下的丽江坝、拉市坝、七河坝等坝区及江边河谷地区。

壮族具有悠久的历史，秦汉时期文献记载我国南方百越群中的西瓯、骆越部族就是今日壮族的先民。其聚居地主要在广西壮族自治区境内，宋代以后有不少壮族居民从广西迁滇，居住在今云南文山壮族苗族自治州。

傣族是云南的古老居民，与古代百越有族源关系。汉代其先民被称为"滇越"、"掸"，主要聚居地在今云南南部的西双版纳傣族自治州和西南部的德宏傣族景颇族自治州内。

布依族是一个古老的本土民族，先民古代泛称"僚"，主要分布在贵州南部、西南部和中部地区，在四川、云南也有少数人散居。

侗族是一个古老的民族，分布在湘、黔、桂毗连地区和鄂西南一带，其中一半以上居住在贵州境内。古代文献中有不少关于洞人（峒人）、洞蛮、洞苗的记载，至今还有不少地区保留"洞"的名称，后来"峒"或"洞"演变为对侗族的专称。

很早以前，在我国黄河流域下游和长江中下游地区就居住着许多原始部落人群，苗族先民就是其中的一部分。苗族的族属渊源和远古时代的"九黎"、"三苗"等有着密切的关系。据古文献记载，"三苗"等应该都是苗族的先民。早期的"三苗"由于不断遭到中原的进攻和战争，苗族不断被迫迁徙，先是由北而南，再而由东向西，如史书记载，"苗人，其先自湘窜黔，由黔入滇，其来久有"。西迁后就聚居在以沅江流域为中心的今湘、黔、川、鄂、桂五省毗邻地带，而后再由此迁居各地。现在，他们主要分布在以贵州为中心的贵州、云南、四川和湖南、湖北、广西等各省山区境内。

瑶族也是一个古老的民族，为蚩尤九黎集团、秦汉武陵蛮、长沙蛮的后裔，南北朝称"莫瑶"，这是瑶族最早的称谓。华夏族入中原后，瑶族就翻山越岭南下，与湘江、资江、沅江及洞庭湖地区的土著民族融合成为当今的瑶族。现都分散居住在广西、广东、湖南、云南、贵州、江西等省区境内。

据考古发掘，鄂西清江流域十万年前就有古人类活动，相传就是土家族先民的栖息场所。清江、阿蓬江、酉水的水源头聚汇之区是巴人的发祥地，土家族是公认的巴人嫡裔。现今的土家族都聚居于湖南、湖北、四川、贵州四省交会的武陵山区。

我国除汉族外有少数民族55个。以上只是部分少数民族的历史、发展分布与聚居地区，由于这些少数民族各有自己的历史、文化、宗教信仰、生活习俗、民族审美爱好，又由于他们所处不同地区和不同的自然条件与环境，导致他们都有着各自的生活方式和居住模式，就形成了各民族的丰富灿烂的民居建筑。

为了更好地把我国各民族地区民居建筑的优秀文化遗产和最新研究成就贡献给大家，我们在前人编写的基础上进一步编写了一套更系统、更全面的综合介绍我国各地各民族的民居建筑丛书。

我们按下列原则进行编写：

1. 按地区编写。在同一地区有多民族者可综合写，也可分民族写。

2. 按地区写，可分跨地区写，也可按省写。可一个省写，也可合省写，主要考虑到民族、民居、类型是否有共同性。同时也考虑到要有理论、有实践，内容和篇幅的平衡。

为此，本丛书共分为20册，其中：

1. 按大地区编写的有：东北民居、西北民居2册。

2. 按省区编写的有：北京、山西、四川、两湖、安徽、江苏、浙江、江西、福建、广东、台湾、河南共12册。

3. 按民族为主编写的有：新疆、西藏、云南、贵州、广西、内蒙古共6册。

本书编写还只是阶段性成果。学术研究，远无止境，继往开来，永远前进。

参考书目：

[1] (汉) 司马迁撰. 史记. 北京：中华书局，1982.

[2] 辞海编辑委员会. 辞海. 上海：上海辞书出版社，1980.

[3] 中国史稿编写组. 中国史稿. 北京：人民出版社，1983.

[4] 葛剑雄，吴松弟，曹树基. 中国移民史. 福建：福建人民出版社，1997.

[5] 周振鹤，游汝杰. 方言与中国文化. 上海. 上海人民出版社，1986.

[6] 田继周等. 少数民族与中华文化. 上海. 上海人民出版社，1996.

[7] 侯幼彬. 中国建筑艺术全集·第20卷宅第建筑（一）北方建筑. 北京：中国建筑工业出版社，1999.

[8] 陆元鼎，陆琦. 中国建筑艺术全集·第21卷宅第建筑（二）南方建筑. 北京：中国建筑工业出版社，1999.

[9] 杨谷生. 中国建筑艺术全集·第22卷宅第建筑（三）北方少数民族建筑. 北京：中国建筑工业出版社，2003.

[10] 王翠兰. 中国建筑艺术全集·第23卷宅第建筑（四）南方少数民族建筑. 北京：中国建筑工业出版社，1999.

[11] 陆元鼎. 中国民居建筑（上、中、下三卷本）. 广州：华南理工大学出版社，2003.

前　言

内蒙古大部分所在的内蒙古高原是蒙古高原的一部分，拥有中国最大的草原区域——内蒙古草原，诞生出与干旱半干旱草原生态环境相适应的游牧文化，并成为中国与农耕文化并举的另一种文化形态。生活在蒙古高原的蒙古族群继承和发展了历史上北方游牧民族所创建的文化传统，形成了与自然生态相适应的互动、游动的生产方式与生活方式，以及与其相对应的物质文化和精神文化。

从清初至民国300多年间，大量来自汉地的移民源源不断进入内蒙古境内，在清朝中期达到高潮，并一直延续至民国。虽然历史上游牧民族与农耕民族的关系往来从未间断，两种不同文化模式一直处于互动之中，但从未触动本质。清朝以来的大规模塞外移民，使农耕与游牧文化进行了史无前例的交融，其时间之长、规模之大、地域之广在中国历史上都是独一无二的。在此期间，伴随清朝盟旗制度的确立蒙古族群的游牧文化模式发生了巨大震荡，并由草原原本单一、发展缓慢的游牧文化裂变为牧业、农业、半农半牧和城镇四个文化圈，与农业相伴随的中原文化，在塞外取得了与游牧文化对等的地位，蒙古族也由游牧逐渐走向定居。

在此背景下，内蒙古民居在两个文化体系中交融与成长。一方面，甘、陕、晋、冀、鲁等不同来源地的移民携带不同文化基因进入内蒙古，在东西长达2400多公里的地域范围内，伴随地理要素、气候环境、社会背景等方面的差异，发展出与之相契合且类型多样的固定式民居。另一方面，具有游牧文化的蒙古族群，拥有因区位及部落不同而呈现差异性住居的同时，在走向定居的过程中又产生出文化交融后的若干住居形态。位于内蒙古东北部具有森林特征的草原文化中，依然保留为数不多的游猎民族的传统住居方式。为此，内蒙古民居在文化类型与民居特征方面形成了建筑形态丰富、文化内涵多样并存的总体特征。

本书按文化形态的差异把内蒙古民居分为蒙古族民居、汉族及汉族式民居，以及东北部其他少数民族民居三部分。内蒙古从地貌上以大兴安岭、阴山、贺兰山为脊梁贯穿于全境，形成内蒙古境内南部农业、农牧业交错以及北部牧业的分界线，同时也是我国北方一条重要的气候分界线。内蒙古民居的分布与生产方式的格局具有直接的对应性，表现为农业及农牧业交错区受中原文化规制的控制仍然深厚，在牧业区的控制逐渐减弱的趋势。对于汉族及汉族式民居，依据移民路线和分区对应的特点，即阿拉善地区以甘肃移民居多，呼和浩特市、包头市、乌兰察布市、鄂尔多斯市、巴彦淖尔市东部地区以山西、陕西移民为主，东盟以河北、山东移民为主，对其进行东、中、西分区域介绍，并在其中划分为乡土民居和城镇民居。书中主要聚焦于传统时期的民居特征，并以发展的眼光，分别从历史发展、文化交流、空间特征、材料使用、技术适应、对自然气候的应对等相关方面进行分析简述，以期对内蒙古民居有一个较为系统全面的再认识。但即便如此，在一些章节中，所分析论述的内容，还是避免不了有一些交叉。

本书的编排得益于诸多前辈同仁对内蒙古民居的研究成果，以及无私支持，包括内蒙古工业大学张鹏举教授、刘铮教授、王卓男教授、韩瑛教授、贺龙教授，李超明老师，内蒙古师范大学额尔德木图教授，内蒙古科技大学殷俊峰老师，淮阴工学院陈萍老师，鄂托克旗规划局王旭老师，否则很难在短时间内完成如此巨大的工作量。在章节方面，白苏日图负责第二章的第一节至第四节文字部分，约4.2万字；额尔德木图负责第二章第五节的撰写并提供了所有第二章未标注出处的实景图片；殷俊峰负责第三章第二节城镇民居中包头部分；王卓男负责第三章第二节城镇民居中呼和浩特及隆盛庄部分；李国保负责第五章第二节；其余第一章、第三章、第四章、第五章第一节由笔者负责，其中任中龙、史艺林、马悦协助完成第三章部分内容的编写，累计完成字数分别约为八千字、一万字、三万字，陈萍提供了第三章第三节中大部分实景图片。本书最终的统稿和完善由笔者完成。

齐卓彦

2019年11月

目　录

总序
前言

第一章　概述 ··· 017

第一节　自然环境述略 ·· 018
　　一、地形地貌 ··· 018
　　二、气候条件 ··· 019
第二节　人文环境述略 ·· 020
　　一、以游牧文化为主的草原文化 ··· 020
　　二、汉族移民文化 ··· 022

第二章　蒙古族民居 ··· 027

第一节　蒙古包与传统生活 ··· 028
　　一、蒙古包概述 ·· 028
　　二、蒙古包与游牧生活方式的契合 ·· 029
第二节　蒙古包的发展历程 ··· 034
　　一、适应游牧生活的房屋雏形 ··· 034
　　二、天窗与墙体的萌芽 ·· 037
　　三、天窗构造的成熟 ··· 037
　　四、墙体构件的演化过程 ··· 038
　　五、墙体构架的成熟形态——网式墙壁 ··· 039
　　六、围护材料的演变 ··· 041
　　七、总结 ··· 041
第三节　蒙古包构造体系 ·· 041
　　一、木构体系 ··· 041
　　二、围护体系 ··· 047
　　三、绳索体系 ··· 050
　　四、蒙古包的搭建作业 ·· 052
第四节　蒙古包与游牧生活、文化 ·· 054
　　一、蒙古包空间布局与生活习俗 ··· 054
　　二、蒙古包与游牧生活时空观 ··· 059
　　三、蒙古包原始信仰与精神赋予 ··· 059
第五节　蒙古包之外的传统民居 ··· 061

一、帐幕类民居 ··· 061

二、格日式住居 ··· 064

三、生土住居 ··· 066

第三章 汉族及汉族式民居 ··· 075

第一节 内蒙古东部地区 ··· 076

一、东部地区概况 ··· 076

二、大兴安岭以东地区 ··· 077

三、大兴安岭以西地区 ··· 080

第二节 内蒙古中部地区 ··· 085

一、中部地区概况 ··· 085

二、黄土丘陵地区 ··· 087

三、河套平原地区 ··· 097

四、中部城镇民居 ··· 111

第三节 内蒙古西部地区 ··· 136

一、西部地区概况 ··· 136

二、阿拉善高原地区 ··· 137

第四章 其他少数民族民居 ··· 159

第一节 达斡尔族 ··· 160

一、族源族称、民族历史及分布 ··· 160

二、达斡尔族聚落 ··· 162

三、院落空间和建筑 ··· 165

四、传统文化表达 ··· 174

第二节 鄂温克、鄂伦春族 ··· 176

一、族源族称、民族历史及分布 ··· 176

二、鄂温克族聚落 ··· 177

三、鄂温克族建筑 ··· 178

四、传统文化表达 ··· 181

第三节 俄罗斯族 ··· 181

一、族源与民族历史 ··· 181

二、院落与建筑 ··· 182

第五章 民居营造适宜性和营造工艺 ··· 189

第一节 民居营造适宜性 ··· 190

一、对气候条件的适应 ··· 190

二、对地形地貌的适应 ··· 194

三、对生活方式的适应 ··· 195

第二节 民居营造工艺 ·· 195

　　一、土工建筑工艺 ·· 196

　　二、木结构建筑工艺 ·· 199

　　三、砖结构建筑工艺 ·· 201

　　四、石结构建筑工艺 ·· 202

主要参考文献 ·· 204

后　　记 ·· 206

主要作者简介 ·· 207

第一章 概述

内蒙古自治区位于我国北部边疆，内蒙古的名称来自清代"内扎萨克蒙古"，由当时的哲里木、昭乌达、卓索图、锡林郭勒、乌兰察布、伊克昭6个盟的49旗组成。今天内蒙古自治区是仅次于新疆维吾尔自治区、西藏自治区的中国第三大省份，区内人口以蒙古族为主，并包括汉、满、回、达斡尔、鄂温克等49个民族。其中蒙古族人口占17.11%，汉族人口占79.54%，其他少数民族人口占3.97%。截至2017年，内蒙古自治区共辖12个地级行政区，包括9个地级市、3个盟，分别是呼和浩特市、包头市、乌海市、赤峰市、通辽市、鄂尔多斯市、呼伦贝尔市、巴彦淖尔市、乌兰察布市、兴安盟、锡林郭勒盟、阿拉善盟。内蒙古呈狭长形状，由东北向西南斜伸，东起东经126°04′，西至东经97°12′，横跨经度28°52′，东西直线距离2400多公里；南起北纬37°24′，北至北纬53°23′，纵向占纬度15°59′，直线距离1700公里。在国内，向东、南、西依次与黑龙江、吉林、辽宁、河北、山西、陕西、宁夏和甘肃8省区毗邻，跨越东北、华北、西北地区，是我国邻省最多的省级行政区之一（图1-1）。

第一节　自然环境述略

一、地形地貌

内蒙古地势较高，平均海拔高度1000米左右，是东北平原、冀北山地、黄土高原和河西走廊跨入著名的亚洲中部蒙古高原的过渡地区。内蒙古具有以高原为主体形态各异的复杂多样地貌，大兴安岭、阴山山地和贺兰山斜贯全区，它们构成了全区地貌的中间脊梁和自然地域差异的界限。山地脊梁把内蒙古分成南北两部分，北部是狭义的内蒙古高原，从东到西依次包括呼伦贝尔高原、锡林郭勒高原、乌兰察布高原和巴彦淖尔—阿拉善高原；南部包括西南部鄂尔多斯高原、中间山地以及大兴安岭东侧嫩江西岸平原、西辽河平原和阴山山南的河套平原。除此之外，内蒙古还具有在山地或高原、平原边缘的黄土丘陵与石质丘陵以及丘陵中串联的盆地（图1-2）。[1]

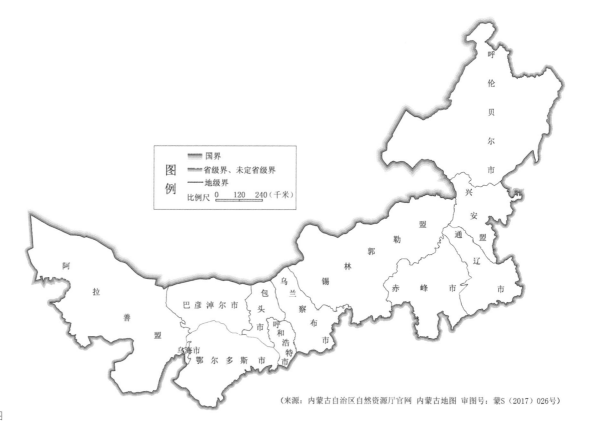

（来源：内蒙古自治区自然资源厅官网　内蒙古地图　审图号：蒙S（2017）026号）

图1-1　内蒙古地域图

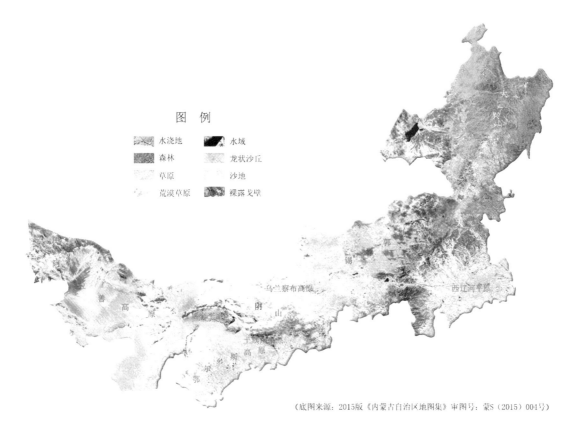

图 例

水浇地　　水域

森林　　龙状沙丘

草原　　沙地

荒漠草原　　裸露戈壁

（底图来源：2015版《内蒙古自治区地图集》审图号：蒙S（2015）001号）

图 1-2　内蒙古地形地貌图

蒙古高原以及西南的鄂尔多斯高原占全区总面积的34%，高原面结构简单，起伏和缓，因此自然景观和地貌类型比较单一，以坦荡完整著称，适于农牧业，尤其对内蒙古辽阔的草原形成和发展畜牧业提供了有利的条件。内蒙古地区的山脉，从东北部大兴安岭到横亘中部的阴山山脉和西南部的贺兰山脉，绵延连接长达2600多公里。这一山脉脊梁不仅形成了内蒙古南部农业、农牧业交错地带与北部牧业的分割线，也是我国北方一条重要的自然界限。它干扰了内蒙古季风环流，使西北部不能受到湿润季风的影响，形成从东到西降水量逐渐递减，干旱程度逐渐增加的气候特征。

内蒙古地区的外流水系，有黄河水系、永定河水系、滦河水系、西辽河水系、嫩江水系、额尔古那河水系，围绕黄河、西辽河形成内蒙古重要的农业区域——河套平原与西辽河平原。以上地形地貌特征形成了内蒙古北部为林区，山前为农业与农牧业交错、山后牧业为主的生产方式格

局，这一格局对于内蒙古地区民族的分布、生活方式的形成，以及居住建筑的构建都起到了至关重要的影响。

二、气候条件

内蒙古地域辽阔，由于地理位置和地形特点，形成以温带大陆性季风气候为主的复杂多样的气候。大兴安岭北段地区，年平均气温在−2℃以下，年降水量大于400毫米，属于寒温带大陆性季风气候；巴彦浩特—海勃湾—巴彦高勒以西地区，年平均气温在8℃以上，年降水量仅在50～150毫米，属于暖温带大陆性气候，介于上述两者之间的广大地区，年平均气温在0～8℃，年降水量在200～400毫米，属于中温带大陆性季风气候。以上三个区域形成了内蒙古地区从东到西气温逐渐上升，降水量逐渐降低的规律分布。内蒙古地区的气候特征可以归纳为以下几点：(1)冬季漫长严寒，常形成偏西北大风。大兴安岭山地冬季最长，长达七个多月；大兴安

岭东麓、阴山以及内蒙古高原大部分地区，冬季长达半年多；西辽河平原、河套平原、鄂尔多斯、巴彦淖尔高原冬季较短，也有五个多月的冬季期。（2）夏季短促温热，降水集中。贺兰山以西地区夏季最长，近三个月时间，最高气温在 26°C 以上。伴随气候特征以及降水量从东到西的差异，地貌上的分布也呈现出相应的规律：大兴安岭北段为湿润地区，属于寒温湿润森林；大兴安岭两侧为半湿润地区，属于草甸草原；呼伦贝尔高原、锡林郭勒高原的东部和南部、阴山丘陵区、土默特平原、鄂尔多斯高原东部，为半干旱地区，属于典型草原；锡林郭勒高原中部、乌兰察布高原南部、鄂尔多斯高原中部和西部，为干旱地区，属于荒漠草原；锡林郭勒高原西北部、乌兰察布高原北部、巴彦淖尔高原大部分和阿拉善高原全部为极干旱地区，则属于荒漠地带。[2]

顺应以上气候特征，内蒙古传统民居院落空间比中原地带宽大，使正房不受其他建筑遮挡，以吸纳更多的阳光。院落中主要居住建筑墙体厚度可以达到 500 ~ 600 毫米，有时东、西、北三面的外墙要宽于南侧墙体，南面尽可能地大面积开窗，以吸纳更多的日照，北面开小窗或不开窗，以抵御风沙和寒冷。内蒙古传统民居多为南向入口，通常以火炕作为冬季取暖的主要方式。而在大兴安岭以西陈巴尔虎旗地区，民居入口常从北侧接出门斗进入，使南向日照充足的区域能为主要的生活起居空间服务。除了以火炕进行冬季取暖和生活外，还会增加火墙，体现了对寒冷气候的应对。受降雨从东到西逐渐减少的影响，内蒙古民居的屋顶形制也逐渐从大兴安岭林区陡峭的坡屋顶向阿拉善高原平屋顶过渡，屋顶材料从利于排水的雨淋板苫房草，向完全覆土屋顶变化。建筑房屋的材料与当地的地貌环境也有直接关联，具有近地域性表达，如大兴安岭林区等木材丰富的地区，民居或直接用原木垒墙，使墙体直接成为承重和维护体系，或以柱子作为承重体系，用木板夹泥混合使用作为维护结构，屋顶用鱼鳞板叠铺构建排水系统。在逐渐向西发展的过程中，随着木材逐渐减少，民居从结构上转向墙体承重，建筑墙体的材料也多选用本地的生土完成。

第二节 人文环境述略

一、以游牧文化为主的草原文化

草原文化是世代生息在草原地区的先民部落民族共同创造的一种与草原生态环境相适应的文化，这种文化包括草原人民的生活方式、生产方式以及与之相适应的风俗习惯、社会制度、思想观念、宗教信仰、文学艺术等。[3] 草原文化是中华文化的重要组成部分，它主要分布在我国的北方地区，在历史上包括整个蒙古高原和青藏高原的大部分地区，其中游牧文化是草原文化的主导类型，与中部农耕文化、南部游耕文化并称为中华文化的三大类型。

内蒙古大部分所在的内蒙古高原是蒙古高原的一部分，拥有中国最大的草原区域——内蒙古草原，也是中国游牧文化的核心区域，在这片广袤的草原上，很早就有人类居住和繁衍。20 世纪 70 年代初，我国内蒙古大青山地区呼和浩特市大窑村旧石器制造厂的发现，把北方草原人类活动的历史提前到 4.5 万年以前。[4] 到了战国时期，北方的许多互不统属的氏族部落，最终在蒙古高原上形成了两个较大的游牧民族——匈奴和东胡，并分别分布在蒙古高原的西部和东部，匈奴成为统治蒙古高原的第一个草原游牧民族。匈奴衰落之后，东胡系统的鲜卑族开始兴盛并进入蒙古高原，把游牧地区扩展到整个蒙古高原，发展成为有数十支系的庞大游牧集团。[5]

公元 6 ~ 9 世纪，室韦—达怛等原蒙古人的势力日益增长，并从呼伦贝尔草原不断西迁，进入蒙古高原核心地区，对大漠南北民族布局的变化产生了重大影响。原来布满突厥语部落的蒙古高原，从此开始蒙古化进程。到 13 世纪初，蒙古帝国成立之前的近四个世纪，这里逐渐转化成蒙古语诸部族和部落生存的世界。成吉思汗在蒙古高原中心建立的大蒙古国，全面继承和发展了几个世纪以来所创建的北方游牧民族的历史文化，蒙元时期把草原文化推向巅峰，使蒙元文化成为整个草原文化中最具影响力的文化。在《草原文化区域分布研究》一书中，作者在前人研究的基础上，把中国北方古代草原文化分为东部草原文化区、蒙古戈壁草原文化区、西部草原文化区三个区域。其中东部草原文化区包括辽宁、吉林、黑龙江三省西部和内蒙古自治区东部；蒙古戈壁草原文化区包括蒙古高原中部戈壁以南、以北的漠南草原和漠北草原，西部草原文化区包括甘肃省、青海省、新疆维吾尔自治区及内蒙古自治区西部地区。因此内蒙古地区的草原文化形成了以中部漠南草原文化为主体，东、西部草原文化为两翼的文化格局。

内蒙古东部草原气候以湿冷为特征，因此自然环境中平原地带沼泽、草甸发育广泛，山区原始森林繁茂昌盛。唐代以前，大兴安岭等山区以及森林广布的西伯利亚等地的居民，还是以渔猎采集为主要经济类型，游牧业并不发达。这片土地上自古以来居住着许多少数民族，如东北东部的肃慎系，两汉时称挹娄，南北朝称勿吉，隋唐称靺鞨、渤海，金称女真；东北西部的东胡系，如山戎、东胡、乌桓、鲜卑以及高句丽、契丹等族系。在这些民族文化中，虽然有一定的游牧文化存在，但就这一地带的经济类型或大多数民族的生计方式而言，主要以渔猎、耕猎型为主。[6]

我国草原游牧民族的一个重要起源，就是森林地带从事狩猎渔猎的一些部落，也就是说东北地区的大片森林地带，以及生活在森林地带的原始部落，与历史上游牧民族的形成和发展有着较为直接的关系。[7]至今这种狩猎渔猎的生活方式在东部草原文化的许多现代民族中仍有留存，如生活在内蒙古东北部的达斡尔族、鄂伦春族、鄂温克族，他们具有民族特征的居住形态中能够清晰呈现狩猎、渔猎的生产生活方式及文化属性。达斡尔族虽然从事定居农业，但也兼具牧、猎、渔的生产方式，其传统民居既有农耕文明的合院式组织形式，在住房的空间使用上也会体现原始生

活的信仰。西面的房间在家庭中处于核心地位，也是等级较高的房间，同时万字炕、西窗的设置以及在西墙上的神位对原始空间秩序的延续具有清晰的呈现。鄂温克族和鄂伦春族的传统居住形式斜仁柱中，对原始空间秩序的表达也依然严格，居住空间朝东侧开口，内部的铺位等级有别，神位位于与东方相对的西侧铺位上方，具有原始的崇拜指向。

在内蒙古地域，中部漠南草原文化具有最典型的游牧文化形式，也是牧业经济最发达的地区。鄂尔多斯—阴山南北地区是北方游牧民族活动的重要场所，匈奴、突厥、东胡等北方三大族系的各部落都在这一区域活动，他们所创造的草原文化是整个蒙古文化的渊源，也是该地区区域文化的渊源。蒙古高原第一个草原游牧政权——匈奴单于部落兴起于阴山南北地区，并在这里立国百余年。"五胡十六国"时期，众多北方民族在该地区建立政权，其中有匈奴系各部落和鲜卑系各部落，尤其是拓跋鲜卑政权，就兴起于土默川，在今天的呼和浩特南部和林格尔县建立都城，沿阴山山脉设立六个军镇保护其北疆。魏晋南北朝以来，突厥系统的各游牧部落长期活动在这个地区，呼和浩特地区曾经是后突厥汗国的南牙所在地，突厥成分占主体的阴山，汪古部是唐代末年以来活动在该地区的重要部落，后来该部落加入蒙古民族，东胡系的吐谷浑室韦和契丹也在这里留下了足迹。在唐代的中后期，吐谷浑人从青海地区迁至阴山地区，契丹辽代的西境达到今呼和浩特地区，辽白塔至今耸立在呼和浩特东部，唐代后期以来，蒙古直系祖先室韦人的一支迁居阴山一带，曾被称为阴山达怛。北方游牧民族在蒙古民族兴起之前的3000多年的历史长河中所创造的原生性草原文化成就，为蒙古文化奠定了坚实的基础。[8]匈奴以来的左右翼制、十进制等国家组织，国家政权与宗教文化的结合，畜牧经济、衣食住行和文化娱乐等制度，精神和物质文化成分均为蒙古民族接受，蒙古民族继承和发展了这些草原先民的文化成果，成为草原文化

的集大成者。[9]

内蒙古的西部草原文化主要表现在阿拉善地区，清代是额鲁特蒙古族土尔扈特部与和硕特部驻牧的地方。这里是中国以天山为中心的西部草原文化的东缘，与内蒙古中部以贺兰山相隔，地理位置相对封闭，因此较好地保存了蒙古族的传统文化和以游牧文化为主要的生产生活方式，同时也具有西部异域的文化特征，在蒙古族的服饰上有突出体现。

与内蒙古主导文化类型游牧文化相适应，在内蒙古地域衍生出适应自身生活方式的居住形态毡帐类建筑。毡帐，也叫"穹庐"，到清代称作"蒙古包"。蒙古包是游牧生产生活的产物，是蒙古族和亚洲游牧民族最具代表性的建筑。蒙古包合起来是一个整体，分开来是几个部件，是一种组合房屋，可以伸缩折叠，搬迁轻便，搭盖容易，拆卸简单，运载科学，建材可以反复利用，部件可以随意修理。千年的经验所造就的圆形结构和斜面原理，减轻了负荷，加大了力度，包顶封闭以后变成球形，减少风的阻力、雪的压力和雨的渗透力。哈那和围绳可以调节蒙古包的高低和容积，以满足生活所需和应付各种不同的天气。其外部的毡子可薄可厚，可以自由调节室温，冬暖夏凉，不用易地过冬消夏。

草原文化作为具有鲜明地域特点的文化类型，在漫长的历史年代中与中原农耕文化共存并行和互为补充，为中华文明的演进不断注入生机与活力。随着社会的发展，草原文化经过多次转型，有些文化形态得以保存和发展，形成传统文化，至今还在推动着人类文明的发展进程。

二、汉族移民文化

内蒙古地区所在的蒙古高原历史上一直是北方游牧民族的活动舞台，在秦、汉、唐、辽、元等时期，塞（明长城）外农业经济也一度有过振兴。但除汉代持续时间较长（200余年）外，大都时兴时废，牧业始终位于主导地位。塞外稳定农区

的出现和牧业的明显退缩情况，发生在清朝定鼎以后。[10]从事耕种的汉族移民全线跨越长城北上迁移，在塞外经历了从"雁行人"[11]到最终安家落户的过程，构成中国近代移民史中史无前例、历时之久、涉地之广的移民潮，历史上著名的"走西口"与"闯关东"即发生在这一时期。如潮水般向草原涌入的汉族移民使塞外农业有了迅速发展，也使内蒙古地区的民族结构发生了巨大变化，蒙古族群游牧文化模式发生了根本性动荡，在游牧文化发生动荡和转型的同时，农业及与农业相伴随的中原文化，在塞外取得了与游牧经济及游牧文化相对等的地位。[12]

（一）内蒙古移民文化特点

在明清以前，内地人口就有过向塞外地区规模移动的历史，但均为官方有组织的迁徙。从明代开始，非官方的自发移民在塞外移民中占据主导，并主要集中在清代和民国时期。在这300余年当中，移民过程基本是连续进行的，形成了独具特色的迁移方式、迁移路线和移民文化。

内蒙古地区清代—民国的移民具有以下特点：

1. 灾荒、战乱和贫困是塞外移民的三个主要原因。中国是一个极为强调宗亲乡土观念的国度，农民安土重迁，因此移民往往是被迫的。灾荒、战乱和贫困是中原民众远离家乡的主要原因，在塞外移民的人口中，贫民、饥民和游民是主要组成部分，除此之外也有富商、资本家、教书匠，但数量很少，且出现的时间也较晚。

2. 塞外移民以自发性为主，并贯通于塞外移民的全过程。在塞外移民中，即使在清末及民国前期集中放垦的阶段，由政府组织的移民行动也规模有限，清代塞外的土地有旗地和蒙地之分，自发性移民的主流地位主要是针对广大蒙地而言。

3. 对于塞外城镇来说，旅蒙商构成移民的主体。旅蒙商：在清代特指来自内地各省，专门或主要从事蒙旗地区商业贸易活动的汉族行商。[13]旅蒙商终年奔波在蒙古高原上，不少旅蒙商在塞

外定居下来后，还从家乡搬移亲族，招徕乡党，使以旅蒙商为龙头的移民群不断扩大。山西大同和忻州、保德、河曲、代县及陕西神木、府谷、榆林三县等都是旅蒙商的重要来源。[14]

4. 塞外汉族移民的来源地及在塞外的分布都很广泛。从来源地看，与内蒙古相邻的甘肃、河北、山西、陕西以及黑龙江、吉林、辽宁都是移民的来源地；从进入到内蒙古的分布看，从哲里木盟（今通辽市）到额济纳旗，东西跨度3000多公里，除锡林郭勒盟10旗以外，其他各盟部旗，都有大小不等的移民区。塞外移民在各省内部移出区也分布广泛，比如山西移民都是全省性的，河北移民以冀东、冀北为主，同时也包括了冀中的河间、保定以及冀南的邢台等地。[15]

5. 塞外移民虽然出发地与路线多元，但仍具有很强的分区对应特征。就各省移民在塞外的分布形式来看，山西、山东两省移民所占范围最大，河北、陕西、甘肃三省次之。晋鲁两省移民在塞外的交叉面是最广的，移民区是相互重合的，东蒙地近山东，所以山东的移民是其主要的移民群体，山西人所占数量有限；西蒙毗邻山西，故山西移民最多，山东人只占少数。因此，山东、山西掺合度最高的地方出现在中部的察哈尔左翼一带，同时这里也是河北移民较多的地方。河北、陕西、甘肃三个移民省份，由于移民半径小，所以分区对应，关系明确。比如河北与卓索图、察哈尔左翼交界，移民以东蒙为多；陕北与伊克昭盟（今鄂尔多斯）比邻，该盟南部的移民几乎全是陕北人，甘肃民勤县及鼎新、金塔二县分别进入阿拉善、额济纳旗，所以这两旗的甘肃人最多。[16]

（二）内蒙古移民的路线

塞外移民路线，虽然移民来源多元，在塞外的分布广泛，但主要迁徙路线比较稳定。根据学界对"走西口"文化已有的研究成果，较权威的是以晋、陕、冀、宁四地为出发点，以包头为中转点的四条线路。(1)杀虎口线:沿山西右玉县（杀虎口）——清水河县——和林格尔县（支线——

托克托县——土默特旗——包头）——绥远城（今呼和浩特）——武川县——固阳县——包头；(2)古城线:陕西府谷古城镇——准格尔旗——东胜——达拉特旗（过黄河）——包头；(3)张家口线:沿河北张家口（支线：——多伦县——恰克图出境）——太仆寺旗——察哈尔右翼——四子王旗——武川县——土默特旗——包头；(4)甘宁线:沿宁夏石嘴山（向东渡过黄河）——乌海——磴口县——临河（支线：沿临河向西——乌拉特旗——阿拉善盟——出境进入甘肃境）——五原县——包头，并形成了特定移民圈。闫天灵通过对清代内蒙古全境移民分布的研究，认为主要可以分为绥远的山陕移民圈和东蒙的鲁冀移民圈。[17]

1. 绥远晋陕移民圈

绥远地区大致包含今天的呼和浩特市、包头市、乌兰察布市、鄂尔多斯市、巴彦淖尔市东部，绥远的汉族移民主要来自晋陕两省，其中山西人最多，山西人在绥远到了无处不有的地步。晋陕甘各县在绥远的分布，以晋北的忻州、代县与晋西北的河曲、陕东北的府谷4县来源最多，其次是与府谷紧邻的陕西神木县，晋北的定襄、大同、崞县（今原平市）及陕北的榆林位居第三。以上十个县在绥远分布面是很广的。具体到各县移民的分布区域，在绥远的山西移民圈内部，又明显分为两个群体，分别是以河曲、保德人为主的晋西北移民群和以忻州代县人为中心的晋北移民群。[18]

晋西北移民群以河曲、保德人为主体并与陕东北的神木、府谷移民群结为一体。其中，河曲、府谷两县又在此移民群中处于核心地位，可简称为"河府移民圈"，主要分布在后套、套东和河套东部沿河地带，河府移民圈还从河套地区延伸到大青山以北的固阳、武川等地，即习惯上所说的后山地区。

晋北移民群包括忻州、代县、大同、定襄、浑源、阳高、左云、右玉、崞县、朔县等太原以北的几乎所有县份，构成塞外山西移民的主体，晋北人主要分布在土默川、后山及察哈尔左右两翼，在后套、包头等地忻代人也有一定势力。

2．东蒙[19]鲁冀移民圈

东蒙的汉族移民主要来自山东、河北两省，其中以山东移民数量最多，分布范围最广，在卓索图、昭乌达盟、哲里木盟三盟均占据多数，河北、山西次之。河北移民虽然也远行至郭尔罗斯后旗，但相对集中于察哈尔左翼与卓、昭二盟，在哲里木盟分布相对较少。河北移民虽然也远行至郭尔罗斯后旗，但相对集中于察哈尔左翼与卓、昭二盟，在哲里木盟分布相对较少。河北省与察哈尔、卓索图盟比邻，故其移居区以热河为中心，分布在赤峰、围场、多伦诺尔、朝阳、阜新、建平等各县。[20]

山东移民主要迁自靠海的胶东半岛各县。河北移民则以冀东滦州、乐亭及保定、天津等地迁来的居多。这一祖籍地分布与整个东北移民的祖籍地分布有很大的一致性，因为东蒙移民与狭义上的东北移民（即不包括哲里木盟和呼伦贝尔盟的东北地区移民）有着密切的连体延续关系。可以说，内蒙古东部的山东移民属于从闯关东大路上分出来的一个重要支脉。

（三）移民文化影响

汉族移民源源出塞北上，打破了蒙古游牧社会的一体格局，在汉族移民社会成长和蒙古游牧社会演变的双力作用下，内蒙古地区的民族结构、经济布局、文化风格发生了一系列的重组和重构，区域面貌呈现出蒙汉杂居、农牧双新、文化多元的新特点。

明代以前，内蒙古的主要居民是蒙古族，清代以后，随着塞外移民的展开，并受八旗驻防、公主下嫁、旗人屯垦等因素的影响，内蒙古的民族结构发生重大变化，由单一民族地区演变为蒙古、汉、满、回等多民族分布地区，由少数民族占多数转变为汉族占绝对多数的局面。从居住格局上看，两个民族总体上是相对集中的，汉族主要分布在南部农业区，蒙古族主要集中在北部牧区。但在农业区内部和农牧业交错地带，蒙汉两族则是杂居和混合分布的。蒙汉杂居，具体表现为，蒙古村落与汉族村落交错、蒙古人家与汉族人家交错两种情形。受民族习惯的影响，前者是主要的形式，但在归化城土默特等移民历史长、蒙汉混合度高的地方，蒙汉合村居住是很常见的。[21]

蒙汉之间的文化影响是交互的，从语言、饮食到生活习俗，但在居住形态上，蒙古族更多地学习汉族的建造经验，并把自身的居住习惯融合进去。因蒙古族是游牧民族，所居住的房子原来都是与迁徙生活相适应的移动性蒙古包，固定的土木砖石建筑只有大大小小的喇嘛庙。随着向定居生活的过渡，蒙古族牧民也模仿汉人修造固定的房屋。归化城土默特，在明代就有"板升屋"，旗民"废毡包而建平房由来久矣"[22]。而蒙古族的住居从移动蒙古包到固定式汉族居所，中间也经过了若干过渡环节。19世纪末，俄国人波兹德涅耶夫在从经棚到库伦的旅行中，路过昭乌达盟巴林部时看到了"巴林右旗人几乎全已定居"的情况，但"有意思的是没有一个巴林人从毡篷直接过渡到汉式土房子的。他们是这样过渡的，当毡篷破损时，从事农业的巴林人已经不能用新毡来加以更新了，而是在木架子周围造一道芦苇篱笆，用泥抹住。这样他们就有土房子了。"这是定居的第一阶段。在第二阶段，汉化程度进一步加深，房子周围一定有围墙，墙内往往栽种树木，帐篷已经抹上泥，里面的灶已经固定。在定居的第三阶段，巴林人开始建造汉式的土房子，有炕和炉子，还专门为牲口盖了棚子，这是蒙古人从不定居的蒙古包转向定居的土房子过程的写照[23]。以此推测，蒙古人居住的基本序列是移动蒙古包—固定蒙古包—圆形屋—汉式住房。

不同类型的文化习俗被吸收的速度是不同的，任何社会的文化变迁都是不可避免的，但有快慢差异。概言之，物质文化变得快，非物质文化如宗教伦理价值等变得慢。[24]食物、生产、生活用具等物质文化是工具性的，不为意义问题所困扰，容易在各族群间进行共享，如有的蒙古牧户，虽然未住进平房，但却把汉族睡的炕先行搬到蒙古包去享受，"蒙古包内富者设炕，贫者铺毯"。[25]同样，蒙古族的酒壶，做工精巧，汉人竞相采用。但在婚俗等仪式文化或观念文化领域，由于涉及深层的民族心理和民族传统因素，采借时要经历较长时间的过渡阶段，变化比较迟缓。[26]比如有些住进平房的蒙古族，喜欢在院子里搭建蒙古包，或者很多家具的摆放仍然沿袭蒙古包内的居住习惯。

而汉族的居住形态也在原迁移地居住方式的基础上进行了近地域性的适应。塞外地处内陆高原区，气候寒旱，沙漠广布，自然条件艰苦，蒙古游牧文化是在塞外高原这一特定地理环境中完整发育成熟的，其发展水平在反映蒙古民族文化创造力的同时，也标志着在文化发展的地理条件的许可度。比如，草原上树木稀少，而毡包所用原料可以自产，拆卸起来也很方便，具有地理条件的适应性。因此汉族在移入塞外之后，居住形态也表现出粗放、简单的趋势。

注释：

1　石蕴琮等.内蒙古自治区地理[M].呼和浩特：内蒙古人民出版社，1989：11-12.

2　石蕴琮等.内蒙古自治区地理[M].呼和浩特：内蒙古人民出版社，1989：78-80.

3　胡日勒沙.草原文化区域分布研究[M].呼和浩特：内蒙古教育出版社，2007：32.

4　汪宇平.大窑村南山的原始社会文化[J].内蒙古社会科学，1987.

5　贺卫光.中国古代游牧民族经济社会文化研究[M].兰州：甘肃人民出版社，2001：36-37.

6　胡日勒沙.草原文化区域分布研究[M].呼和浩特：内蒙古教育出版社，2007：39-40.

7　贺卫光.中国古代游牧民族经济社会文化研究[M].兰州：甘肃人民出版社，2001：7.

8　林幹.中国古代北方民族通史[M].鹭江出版社，2003.

9　胡日勒沙.草原文化区域分布研究[M].呼和浩特：内蒙古教育出版社，2007.

10　闫天灵.汉族移民与近代内蒙古社会变迁研究[M].北京：民族出版社，2004：1.

11　此为清代内地人民进入内蒙古地区之始，但政府规定不准在此地定居，春去秋归(后改为冬归)，号为"雁行人"。

12　闫天灵.汉族移民与近代内蒙古社会变迁研究[M].北京：民族出版社，2004：1.

13　郝维民.内蒙古近代简史[M].呼和浩特：内蒙古大学出版社，1990：36-37.

14　闫天灵.汉族移民与近代内蒙古社会变迁研究[M].北京：民族出版社，2004：14.

15　闫天灵.汉族移民与近代内蒙古社会变迁研究[M].北京：民族出版社，2004：57.

16　闫天灵.汉族移民与近代内蒙古社会变迁研究[M].北京：民族出版社，2004：58-59.

17　闫天灵.汉族移民与近代内蒙古社会变迁研究[M].北京：民族出版社，2004：60.

18　闫天灵.汉族移民与近代内蒙古社会变迁研究[M].北京：民族出版社，2004：62.

19　东蒙指清代东三蒙，即哲里木盟、卓索图盟和昭乌达盟辖地，主要包括现今内蒙古通辽市、赤峰市大部，兴安盟及吉林西部、辽宁北部和黑龙江西南部。

20　闫天灵.汉族移民与近代内蒙古社会变迁研究[M].北京：民族出版社，2004：70.

21　闫天灵.汉族移民与近代内蒙古社会变迁研究[M].北京：民族出版社，2004：333.

22　傅增湘.绥远通志稿-民族志蒙古族.卷73.

23　(俄)波兹德涅耶夫.蒙古及蒙古人.第二卷[M].呼和浩特：内蒙古人民出版社，1989：428—429.

24　文化人类学选读.台北：台湾食货出版社，1974：235-238.

25　蒙古调查记.东方杂志社.

26　闫天灵.汉族移民与近代内蒙古社会变迁研究[M].北京：民族出版社，2004：350.

第二章　蒙古族民居

第一节 蒙古包与传统生活

一、蒙古包概述

提到内蒙古，很多人脑海中呈现的是宽广的绿色草原、湛蓝的天空、散落成群的牛羊，以及在绿油油的草原深处会耸立着几座洁白的毡房。当然，有了热情好客的蒙古人，才是脑海中完整的内蒙古印象。

"蒙古包"是毡房更常用的叫法。但蒙古人自己不称之为蒙古包，而是称为伊苏给格日——毡房，毡子做的房子之意。"蒙古包"的称呼源于满族对蒙古人民居"蒙古博"的叫法，[1]并逐渐传播，在中文文献中具有广泛的流传度。在早期汉文文献中也有穹庐、毡帐、战幕、毳幕、毡包等称谓。

我们先简单认识一下蒙古包，蒙古包呈圆形平面，普通一户蒙古包直径约5米。屋顶呈圆锥形，在圆锥形顶部有天窗，蒙古语叫"陶脑"。毡房的构造非常简单清晰，支撑构件主要由墙体——"哈那"、屋顶木椽——"乌尼"、天窗——"陶脑"和门——"乌德"构成，围护构件主要由毡布构成（图2-1）。

蒙古包的构造非常简洁，甚至会让人对其有种简陋的"嫌弃"，但这正是它"少就是多"的极简构成魅力。在如此简洁的形式和构造中蕴藏了蒙古人千百年来栖居在这片土地上的智慧。这些智慧囊括了蒙古包与游牧生活的完美契合、原始居住形态演化为蒙古包的过程以及蒙古包与蒙古文化的紧密关联。

有关于蒙古族居住形态的研究文献或科普书籍很多，描写的视角也颇为多元。以蒙古包为主的有：蒙古包历史发展类型，蒙古包构造属性，蒙古包物理环境，蒙古包在不同地域的演化类型，蒙古包内生活习俗、文化内涵等。除蒙古包之外的关注点有对蒙古族其他居住类型的研究以及不同历史时期蒙古族居住形式的变化。本书有关蒙古族居住形态的研究主要以蒙古包为研究的聚焦点：为什么蒙古包是蒙古族传统居住的主要选择

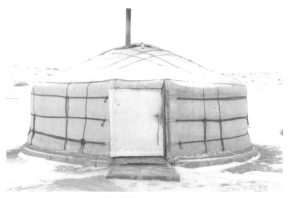

a 冬季的苏尼特蒙古包

b 夏季的苏尼特蒙古包

c 乌珠穆沁蒙古包

d 陈巴尔虎旗带有柳围帘的蒙古包

图2-1 蒙古包外观

——蒙古包与游牧生活的契合；为什么蒙古包是如今的模样——蒙古包发展历程；蒙古包的构造解读以及如此形式的居住空间对生活行为的影响和文化赋予，并对其他类型的蒙古包演化做一定的提及。

二、蒙古包与游牧生活方式的契合

游牧生活，简单描述就是逐水草而居，一个地方的水草不够丰美时，便赶着牛羊换一个草场。在过去一般会四季游牧。当然，游牧不是无组织无目的地"游荡"，而是四季基本有固定的四个场地，每年在这四个场地中轮换。当今时代，游牧文化明显式微，在蒙古族生活方式中占据比例急剧减小。内蒙古已经很难看到四季游牧的景象，在锡林郭勒、呼伦贝尔、科尔沁北部等少数地区有冬夏两季或三季的草场轮换。在蒙古国由于地缘辽阔仍有部分四季轮牧。蒙古高原生态植被比较脆弱，轮换牧场的做法利于草原生态的恢复及可持续性发展。众多生态学者的研究证实了在蒙古高原上催生游牧文化有其生态气候和社会文化的必然性。当然，"为什么在这片土地上催生游牧文化"不是本书讨论的重点。

蒙古包是在蒙古人几千年的游牧生活中诞生并发展演变而来的，它的形式、构造不断吸取了游牧生活的智慧，成为最符合游牧文化的建筑类型。蒙古包本身就是游牧文化的产物，也是世界建筑历史上的瑰宝。

在乡土中民居具有与所处环境的气候特征、使用人群的生活方式高度契合的特点，其建造方式和建筑材料在较长的历史周期内与环境友好，并支持生产文明进行良性发展。蒙古包在与蒙古高原气候特征和游牧生活的契合方面堪称完美（图2-2）。

图 2-2 蒙古包生活照

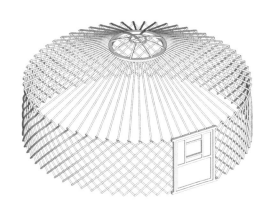

图 2-3　蒙古包构造解析图

a 张开的哈那

b 收缩的哈那

图 2-4 伸缩的哈那

1. 适应游牧生活经常性搬迁搭建的需求

与农耕文化相比，游牧生活的最大区别在于不在一个固定宅基地长住久安。如此的居住观念需要居所具有更高的精简度，易于搬迁。房屋构造应是可拆卸装配的，又能快速搭建。从这样的性能要求出发可以总结蒙古包的特点如下：

（1）搭建省力，拆卸方便

蒙古包的支撑构件主要是陶脑、乌尼和哈那。其中陶脑（天窗）是一个圆形的整体，直径约 1米，一个人完全可以支撑。乌尼是一根一根的木条，自重更轻。蒙古包墙体由约四五片伸缩的网式壁架组成，单体自重也不大。一般熟练技巧的牧民能够在一小时内搭建完毕。

蒙古包的拆卸更加快捷。因为构件间的连接都是活扣，这与其他定居民居截然不同。定居式房屋的节点会将普通人力无法拆解的牢固作为目标，而蒙古包则以装配拆解的便捷为目的。因此构造会采用绑扎、插销、披挂等干作业方式（指不采用砂浆等砌筑粘接材料且可复原的搭建方式）。蒙古包的拆解顺序是先将外围围护毡子解开，之后将乌尼解套，再慢慢取下陶脑，最后再分解墙体。（图 2-3）

（2）搬迁轻便、装载合理

由于整体构件的自重较轻，并且每个构件都能够拆解为线条或者平面，因此很方便使用三辆勒勒车或者几头骆驼进行运输。蒙古包神奇的哈那在张开时有 3～4 米长，但由于其伸缩网式壁架结构，收起来时只有 1 米左右的宽度（图 2-4）。另外，装载的过程也几乎是程式化的流程，以保证空间最大化利用以及减少途中结构和家具的损耗，骆驼搬运有骆驼搬运的方法，勒勒车有勒勒车的流程。

（3）弹性调节、修缮灵活

蒙古包在重复拆解重装的过程中，任何一种结构都会产生形变、损耗。如果像榫卯结构一样以牢固刚度为目标，必然无法承受多次的拆解重装，卡口连接会因变形而无法安装。而蒙古包的构造连系一般都是活扣，是刚性木材与柔性绳索相结合的构造节点。比如乌尼和墙体的连接，乌尼的底部有穿孔套着索套环扣，与墙头的"Y"形开口由索套连接，可以适当调整位置，从而使得整体结构有弹性调节的余地。墙体哈那的某一根枝条断裂或损坏，基本不影响整体结构的稳定。即便某一根乌尼断了，也完全不用拆解房屋，直接就可以在搭建状态下进行更换。

蒙古包围护材料一般用毡子，如果因使用年头多而脏掉或保温性能降低，也可以方便随时更换新的毡子。

（4）多元适用、局部可用

蒙古包不仅整体是居住的形态，其局部构件也可以当作临时的居所。比如在迁徙途中，需要在某地过夜，可以不用支起完整的蒙古包，而是直接将乌尼和陶脑搭建以作为临时住宅使用，这种形式叫作切金格日，我们在后面的篇章中有详细介绍。另外，两片哈那组合在一起，上面盖上毡子，就是一顶帐篷，完全可以满足临时居住需求（图2-5～图2-7）。

从以上几点描述可以看出蒙古包契合游牧生活方式的关键在于：构件类型少，重复构件多，从而极大地简化了以家庭为单元的搭建难度；构件自重轻，蒙古包主要建筑材料为木料和毡子，并可以分解为多个小构件，方便搭建和运输；以活扣为主要搭接方式，蒙古包中无任何不可拆卸、不可复原的刚性连接，不同构件之间均可方便拆解，此特点不仅方便快速搭接拆卸，也方便在使用过程中的修缮更替；适应运输条件，构件拆卸后简化为线和伸缩的面，缩小了体积，节省了运输成本。

2. 适应蒙古高原大陆性气候环境，灵活调节室内物理环境

蒙古高原是典型的大陆性气候区，冬季寒冷，夏天炎热，降雨量少，全年风速较大，光照充足，四季分明。作为蒙古高原上民居所具备的气候应对策略，主要为冬季保暖性能好，抗风性能强，且夏季兼顾通风，并同时关注采暖和家庭烹调的结合。

（1）保温隔热性能

图 2-5 大哈那棚

图 2-6 哈那棚

图 2-7 切金格日（来源：郭雨桥《细说蒙古包》）

蒙古包的保温隔热主要依靠毡子，在冬季，蒙古包一般会盖三层毡子作为围护材料。材料的保温性能我们通常以物理值导热系数 λ 表示，导热系数越低，表示阻隔传热的能力越强，也就是保温性能越强。建筑墙体的保温性能除了材料导热系数外，也与墙体厚度有关，墙体越厚保温性能越强。羊毛毡的导热系数 λ 为 0.044，在同等厚度条件下，第二次世界大战后发明高分子绝热材料（当代建筑保温常用的聚苯板、岩棉板等材料）之前，世界上几乎没有其他建筑材料能够出其右。我们熟悉的土坯墙导热性能在 0.9 左右，也就是说 1 厘米的羊毛毡保温性能与 20 厘米的土坯墙性能相同。一般冬季材料用的三层羊毛毡大约 2.6 厘米，近似于 50 厘米的土坯墙。如果采用多层（约 10 厘米）羊毛毡，它的保温性能完全可以满足当代的节能要求。一般在寒冷的时候蒙古包会采用 2~3 层毡子，如果层叠太多，一是增加成本，二是容易阻碍室内水蒸气的蒸发，引起潮湿。

在圆形形态对抗风的作用方面，风之所以对房屋产生强烈的侧推力，主要原因是临风的一面得到正压，背风的一面是负压，正负压之间的差值越大，产生的侧推力就越大。如果两侧的风压都是正压或者压力差较小的话，推力就越小。如果是方形的房屋，在北侧临风时，北墙是正压，南墙是负压，压力差比较大。如果南北墙各有开着的窗户，室内的穿堂风会很大，

就算没有开窗，风也会想尽办法从缝隙中穿过房屋。而蒙古包的平面是圆形的，屋顶也是锥形，整体呈圆润的状态。当北侧临风时，风会从水平方向和垂直方向环绕滑过房屋，负压区面积非常小，从而风压差减小，使得风对房屋的侧推力也较小。（图 2-8）

在网式壁架的抓地性能方面，蒙古包是直接搭建在土地之上，没有现代建筑地基的概念。网式壁架的脚部有很多交叉的枝头，直接扎进土里，同时一圈墙壁有非常多的枝头，所以就算扎进土里的部分很浅，也能够增大摩擦力，使得房屋的抓地性能大大提高。

（2）室内通风与采暖烟道

室内空气被加热后会向上浮，如果顶部有开口，热空气从开口飘出，冷空气从底部补充，从而在室内形成热压通风，顶部开口与底部的高差越大，风的效应就越明显。这在建筑学上叫作拔风效应。蒙古包的陶脑（天窗）构造恰好有这样的功效。当在蒙古包正中间的图利嘎（火炉）上熬奶茶、煮肉时烟气和热气都会从顶部的天窗飘出，但是并不会蔓延到整个房屋。（图 2-9、图 2-10）

在夏季炎热时候，将哈那的毡子往上掀开一部分，贴地的冷风从哈那脚部吹进屋内，屋内的热空气从顶部天窗排出，就可以保持室内的凉爽（图 2-11）。

（3）灵活调节系统

北方草原的气候特征除了冬季严寒，风沙较大等气候常态外，也要应对狂风暴雨等极端天气，蒙古包弹性结构有灵活调节的作用。当大雨连绵

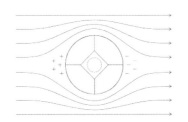

a 圆形平面室外风压示意图

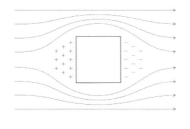

b 方形平面室外风压示意图

c 锥形屋顶风压示意图

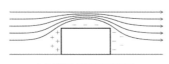

d 方形屋顶风压示意图

图 2-8 室外风压示意图

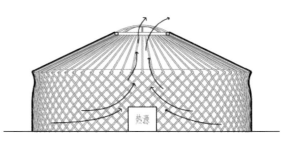

图 2-9 拔风效应图

图 2-10 室内用餐情景

时，可以将哈那的围绳扎得更紧，以挤压哈那的网眼，使整个墙体变得瘦高，屋顶也会更加高锥，从而可以避免雨水在屋顶停留。狂风大作时，可以使围绳松弛些，整个房屋就会变得扁平，以减少风的阻力。

蒙古包应对恶劣气候及调节室内物理环境的方法对当代生态建筑具有很大启发。采用羊毛毡作保温材料，保温性能既出众，又无环境污染。对比当代普遍采用的高分子保温材料（聚苯板、岩棉板等），虽然其保温性能优良，用途广泛，但在生产过程中用到高达千度的燃烧作业，既消耗自然资源，又产生多种污染气体，因此有专家分析，认为保温材料在生命周期内给围护建筑带来的能源节省可能并不能抵消它生产时所产生的能耗。而羊毛毡则是完全的可再生能源（原料从羊毛中来），并且在制作过程中并没有能耗的产生，当然产量低也是它的劣势（图2-12）。用建筑形态和构造来抵御强风和产生室内拔风效应

图 2-11 掀起围墙毡子的蒙古包

也是当代生态建筑策略中十分优秀的学习案例。当代建筑发展脉络中一直将建筑物的形态轮廓当作不可移动调节的"不动产"，而蒙古包通过灵活调整形态以适应不同的气候条件，为打破我们固化的思维提供了有益启发。

3. 建筑材料全部来自自然环境和游牧生活生产资料

图 2-12 羊毛毡的制作过程（来源：内蒙古自治区文化厅《根·魂·脉——内蒙古自治区非物质文化遗产 摄影比赛获奖作品集 2011-2013》）

建筑由建筑材料以一定的构法连接而成。因此，无论形式和构造多么美妙，如果没有合适的材料一切都只是纸上谈兵。在市场经济繁荣，物流全球覆盖的当代，设计师使用的任何一种材料都能够通过市场和物流而得到。但在古代这是非常困难的，尤其蒙古高原地广人稀，市场交易非常少，因此在自然环境和游牧生产活动中如何获取建筑材料尤为重要。

蒙古包的构成材料中，陶脑等结构支撑构件全部来源于松树、柳树、杨树、柳条等木材；围护构件则采用羊毛加工而成的毡子；在构件之间的连系，比如哈那之间或乌尼与墙体之间会采用皮革制成的绳子。蒙古包结构构件采用的木头一般都比较纤细，直径不超过三四厘米，这诚然有结构满足条件下减轻重量的考虑，同时也有蒙古高原气候干旱，粗且长的木材短缺的缘故。而羊毛毡和皮革正是畜牧业的副产品。

由于蒙古高原地域辽阔，不同类型的地貌环境众多，当地所盛产的木材种类亦不同，因此不同区域的蒙古包在构造上会存在一定差异，并且不同构件由于构造性能的不同也会对材料有不同的需求。

综上，我们从游牧生活方式的适宜性、气候条件的适应性以及建造方式和材料的本土特征三方面简单介绍了蒙古包与游牧生活紧密的关联。当然，如此巧妙紧密的关联并非是一蹴而就的，它经过了千百年的历史演化，在下一节中我们来讲述蒙古包演变的历史。

第二节 蒙古包的发展历程

一、适应游牧生活的房屋雏形

世界上所有人类文明的产物都不是一蹴而就的，都有其缓慢的发展历程，建筑亦然。原始人类从穴居、巢居等直接利用自然环境作为栖身场所，根据不断提升的舒适性要求发展成为如今的建筑体系。

蒙古包发展到现在定制化的形制，经历了几千年的历史，从蒙古包的主要构件中我们可以追溯其根源的原始形态。在此过程中，起到推动作用的是蒙古人生活方式的演变、生活舒适要求的提高、所处地域气候环境、地域中可获得的建筑材料以及建筑材料的加工能力。

对于蒙古包演变历史的考古式叙述是枯燥的，也是笔者作为建筑师能力所不足的，且蒙古包木构特征很难有最初原始形态的遗留。但我们仍能够从一些岩画、历史图像以及蒙古人临时构筑的设施中找到原始形态的踪影。我们主要从建筑构造研究的角度，追问蒙古包构造的形成缘由，并从中还原出蒙古包整个发展历程。

蒙古包第一问：蒙古包为什么是又圆又锥？

肖包亥和敖包亥

蒙古包最外显的形式识别特征就是圆形平面加锥形的屋顶。从蒙古包的基本构造组成，我们得知蒙古包哈那是网壁木构以活动链接的方式围成的一个圆，屋顶由多根乌尼锥形围合而成，乌尼的顶部被陶脑（天窗）汇集在一起，乌尼的底部与哈那的墙头绑扎，哈那围成的圆形与陶脑（天窗）围成的圆形在不同标高上，且半径不同、垂直坐标同心，因此构成了蒙古包又圆又锥的整体形式。

解释蒙古包又圆又锥的特征要从蒙古人原始时代的居住形态说起。蒙古人的祖先分为森林人民和草原人民。[2] 所谓森林人民主要是生活在大兴安岭一带森林地区以森林狩猎为主要生存方式的部族（可参考鄂伦春族生活方式）；草原人民主要是平原丘陵地带以游猎为主，后更多转向游牧生活方式的部族。

最早的原始部族仍然以穴居为初始的居住形态。穴居就是在地上或者山坡上挖洞作为遮风避雨、抵御严寒以及抵抗生物侵扰之用。当然山坡上挖洞比较适合满足这两种要求（参考《陕西窑洞》），但在平地上挖坑的就没那么方便了，避雨抵御的功能大大减弱，需要在开口处做一定的顶部遮盖，这个遮盖可以说是屋顶最初的原型。人们生活在这个坑中，如果要解决出入方便的问题和满足看到阳光等需求，必定会改进穴居的方式，坑挖到一定深度，屋顶也尽可能扩充室内的空间，于是人们将作为屋顶结构的树枝在中间部位高起。

对于蒙古族祖先的森林狩猎和草原游猎两种生活方式，都需要不断地迁移住所，从而获得更丰富的食物和生活物资。而每到一个地方都需要重新挖掘穴居显然是非常低效的工作，于是搬家时候可以将住所带走，并且在新的地址可以快速搭建成为符合迁移生活的住居需求。

"可以将房子移址重新快速建造"是蒙古族祖先面临的首要问题，也是蒙古包最初的发展契机。其中核心要点有两个：一可拆卸搬走，二要容易搭建。该性能要求对构造也将提出要求，即建筑的重量不能太大，房屋搭建应该是干作业装配的形式，而农耕文明早期发展的土坯结构，是典型的湿作业，想把它拆卸重建是不可能的。另一方面，易于搭建还需要房屋的构件尽可能少，同时构件模数尽可能一致，才不会出现由于熟练工匠短缺而造成房屋搭建困难的问题。同时，由于当时生产方式非常落后，可选择的建筑材料非常有限，因此房屋的搭建材料需要在他们所处环境中容易获得的才行。

设想一下，你是住在大兴安岭深处的森林人民，你可以获得的建筑材料有笔直的树干，狩猎而来的兽皮以及简陋的石斧，你该如何搭建一个房屋？能否建造一个像俄罗斯族木刻楞的墙面和屋顶全部有圆木构成的方形房屋？很难。一是由于搭建的构造太复杂，很多的榫卯接口等用当时

的工具无法加工。二是由于施工时间也过长，如今的木刻楞房屋搭建也需要多个劳动力，工作一个月左右才可能搭建完成。

将多个长树干，将顶部绑扎连接，树干底部各个方向倾斜杵在地面，这个构造整体是可以立起来的，同时树干围成了锥形的空间，再将这个结构用兽皮围护即可形成一个居住空间。为了搭建的方便，树干的长度尽可能一致，搭建时候也无须给每个树干排列序号，操作简单。

从几何的角度，如果是三个树干围合时，它们将围成一个三角形平面，四根树干围成一个方形平面。树干数量越少，树干之间的缝隙越大，用兽皮等软性材料围护时，很难保持包裹的形状，维护材料容易从缝隙塌落，或者面积不够。因此，树干的数量需要多根，五根树干时平面是五边形，六根是六边形，随着数量增多，平面也将无限趋于圆形。森林人民将这种房屋叫作肖包亥，蒙古语的意思为又锥又圆，同时这也是蒙古包为什么又圆又锥的答案（图2-13、图2-14）。

森林人民有采不尽的又长又直又质地坚硬的木材资源，但草原人民能够获取的只是柳树等抗旱树种的枝干，比较矮粗。如果把粗的树干锯掉当作木材，但树木稀少珍贵，且重量太大不利于搬运，加工也是大问题，所以他们采用较细的树枝做了围合房屋。与森林人民使用的树干不同的是，这些稍细的柳条虽然不够长和坚硬，但容易弯折成形，所以草原人民发展出了平面是圆形，顶部也是圆形的房屋。除结构外，围护材料也用兽皮、树叶等。他们把这种形制叫作敖包亥，蒙古语的意思是,像敖包(丘陵)一样圆润的房子(图2-15)。

由此可以看出，圆形的形态从蒙古包最初的原型中已经确立，且在以后几千年的发展中仍然保持着。

图 2-13 蒙古包圆
形平面和锥形体量
演变图

图 2-14 肖包亥（来
源：阿拉腾敖德《蒙
古族建筑的谱系学
研究与类型学研
究》）

图 2-15 敖包亥（来
源：阿拉腾敖德《蒙
古族建筑的谱系学
研究与类型学研
究》）

二、天窗与墙体的萌芽

焦布根和陶壁格日

只有遮风避雨的居所对于当地人显然是不够的，人们还希望房屋内的面积更大，能够容纳更多的室内活动，还需要生火、取暖、做饭。这时，敖包亥和肖包亥的不足就显露了出来，并且对新的住居提出了两种新的需求：一是面积扩张，二是室内用火。

我们先从肖包亥来看。如果我想增大肖包亥的面积，势必要增长树干的长度，但长度的增加会导致重量的增加，运输搬迁的难度也随之陡增。在室内用火时，火产生的烟会向上浮动。当屋顶处没有排烟口时，整个室内将被烟雾笼罩，不利于室内健康。能否将扩充面积和顶部排烟口的需求整合解决？

森林人民给出的答案是：在肖包亥的基础上，在靠近顶部位置做成环形圈梁，用圈梁与树干间的绑扎替代树干之间的绑扎，从而解放了顶部开口，使之有条件在顶部形成圆形洞口。之前底部树干围合的圆环与顶部绑扎后交点组成的锥形空间，通过改进，在点的位置扩大形成圆环。如果树干的倾斜角度不变，树干底部围合的圆圈面积将会增大，从而扩充了室内面积，蒙古人把这种构造的房屋叫作"焦布根"。焦布根顶部环形圈梁是蒙古包天窗最初的原型，这个天窗解决了扩充面积、室内烟道以及阳光照射的问题。当然天窗也不能够过大，太大就丧失了作为屋顶的最初性能要求。天窗大小和屋顶大小的比例多少才是最佳状态？蒙古人民在长时间的繁衍生息中不断地总结经验，得出了答案，我们将在后面的篇章中解答。

而对于草原人民，正如前文所述，草原人民采用的建筑材料是可弯曲的。在敖包亥时期，从底部到顶部连接是匀称的弯曲，这种条件下想扩充面积就需要更长的树条，因此势必增加材料选取的难度，并使得室内空间过高，而过高的室内空间将造成采暖效率降低。所以，在敖包亥基础上对弯折部分做了改进，分为上下两部分，下部主要为垂直方向，上部是角度较小的倾斜部分，在弯折部分采用圈梁加固。弯折部分以下是较为垂直的竖列，主要承担围合室内面积的作用，弯折部分以上是倾斜的遮盖部分，主要承担屋顶作用。之前居住形式的屋顶与墙体为一个整体，从这里开始，屋顶和墙体有了分化的萌芽，草原人民将这样的房屋称作"陶壁格日"。当然，至此屋顶和墙体仍未完全分化，其中最主要的原因是，将屋顶和墙体断开后，两者的连接如何保证稳固，如何将屋顶的受力合理地传递给墙体，再传到地面的问题仍未解决。

虽然从敖包亥到陶壁格日的发展历程中我们未能看到天窗形式的发展雏形，但在墙体屋顶分化以及墙体编织方面的探索是尤为重要的。由于材料受限，在干旱的草原上无法获得质地坚硬的树木，柳条等单支支撑性能的确不足，但可弯曲的属性优良。因此"将可弯曲的柳条编织成面，以此达到结构强化的目的，并进而围成封闭空间"，这一探索在以后蒙古包哈那的结构定制中具有非常重要的启发（图2-16、图2-17）。

随着文明的发展和统一，蒙古祖先森林人民和草原人民的分类慢慢弱化，在成为相似的生活方式的部族时，他们搭建房屋的经验互相影响，才导致了蒙古包后来的发展方向。

三、天窗构造的成熟

切金格日

从上文讲过的"焦布根"开始正式有了天窗的萌芽，但其构造还没有合理完善，比如檩条（前文中所说的树干）与天窗圈梁的连接，以及超出天窗部分的檩条是否有用，天窗是否要遮蔽以免雨淋等问题都面临解决。在营建的过程中随着人们更加准确认识了天窗的空间作用和结构作用，其形制也越来越完善。

因此，我们把有完整天窗和檩条的房屋叫作"切金格日"。在蒙古语中"切金"指胸部，"格日"是房子，意思是只有包体上半部位的房子。有些切金格日有完整的门，有些则以帘布替代。

图 2-16 焦布根结
构示意

图 2-17 陶壁格尔结
构示意

a 切金格日结构示意图

距今 7000 ～ 6000 年前，切金格日在游牧部落中已经出现，它的出现也从侧面证实了森林人民和草原人民文化的融合。切金格日有显著的从肖包亥衍生发展的形制，有强烈的锥形体量，但同时从天窗圆润的轮廓中可以看出敖包亥的影子，并且其应用场景更适合草原上的游牧生活。如今在蒙古人生活中从一个牧场搬迁到另一个牧场的路上，也会搭起切金格日，作为临时的居所。因为切金格日的构造就是乌尼（檩条）以上的蒙古包，它可以更加方便快捷地搭建。

在切金格日的构造中，最有价值的部分是有了单独的陶脑（天窗）构件，以及陶脑（天窗）与乌尼连接构造的确定。切金格日的陶脑直径较小，一般为 50 ～ 70 厘米不等，半径越大，屋内空间也随之增大，所需木椽长度、厚度会相应增加。它的乌尼和陶脑（天窗）的连接方式先后有插接与串联两种，前一种是将乌尼上端插入陶脑上预留的孔眼中，后一种是将乌尼和陶脑锚固在一起，这两种连接木椽和天窗的方式使陶脑后来演化为"插接式"和"串联式"两种。除此之外、它的骨架还包括突出的门框（乌德）和斜扎在地面上的粗长木椽（乌尼），它们的根部则被绳索串捆在一起得以稳固（图 2-18）。

四、墙体构件的演化过程

从以上讲解我们得知，肖包亥形制的发展从焦布根再到切金格日，在这一过程中，出现了独

b 切金格日外观图

图 2-18 切金格日（来源：阿拉腾敖德 《蒙古族建筑的谱系学研究与类型学研究》）

立的天窗构件，而从敖包亥到陶壁格日的发展则是屋顶和墙体分化的萌芽。

那我们为什么认为墙体和屋顶的分离是一种优势呢？首先我们研究敖包亥、肖包亥和切金格日等墙体屋顶未分离的房屋形态会发现，由于屋顶和墙体不能各司其职，导致很大的空间浪费，在顶部人的活动无法到达的区域占据了大量的空间体积；其次屋顶和墙体连续的构造，对构件尺寸提出了更高要求，随着建设量的增大会难以满足，同时对构件的耐久性也是不利的。

最初要解决屋顶与墙体分离的问题时，构造的难点是连接节点。在敖包亥和陶壁格日中屋顶木椽和墙体结构是一体的树干，如果将它一分为二，树干的点对点在过去的技术条件下无法形成稳定的结构，这时人们从自然界的树干中得到了灵感，树木从来没有笔直的，都是分叉的"Y"字形式。墙体由垂直的"Y"字形树干支撑屋顶与墙体分界的圈梁，再将屋顶的木椽底部的"Y"字形连接到圈梁。这样可以使得屋顶和墙体的连系成为稳定的结构整体。

（一）哈特古尔

如上所述结构形式的最初形态就是哈特古尔，它一般有四根支撑墙体柱（"Y"字形树干），每根柱子再由三根斜柱支撑，保证其可以站立。在四根主柱子之间分别连系四根木梁，在木梁之上再由木椽起坡，在顶部绑扎连系，因此它的平面呈方形，整体呈现方锥形。中心的四根柱子一般会插入地面，保证整体的稳固性。哈特古尔的围覆材料一般是毛毡、皮毛、皮革或粗麻等。

当然哈特古尔的劣势也是非常明显的，第一它的面积可扩充性较差，由于地域条件以及加工能力的有限，木梁的单根长度无法过长，限制了房间面积，并且方形的平面不符合长远以来生活空间的记忆，而决定了哈特古尔必然是个过渡性产物（图2-19）。

（二）包貂

在哈特古尔基础上发展出的"包貂"属于敖包亥系棚屋的成熟形态。它主要的改进有两方面，一是改进了哈特古尔烦琐的柱子支撑，二是两根墙体木椽作为柱子支撑，呈"A"形，再者每组的脚部互相连接，增多了墙体木椽的数量。该结构的优点在于：首先使墙体成为连续的整体，弱化了单根柱子的支撑作用，将屋顶的传力水平方向分散到墙体的各个顶部；其次结构关系更加清晰，没有多余构件，有利于围护材料的覆盖。在墙体顶部用多根柱子拼接而成的圈梁作为屋顶和墙体的分界，在组成墙体的每个"A"形架顶部连接屋顶的木椽条，这些木椽条的顶部汇集在圆心水平投影处，组成一个锥形面。

从这里我们可以看出蒙古包锥形的墙体结构彻底分化并且在寻求构造独立表现形式方面进行尝试。蒙古包的哈那墙体结构与汉族木构建筑最大的不同是，汉族木构建筑的垂直传力由多根互相独立的木柱解决，因此对每根木柱的质量有很高要求。而蒙古族民居由于环境中生活方式和地域建筑材料的限制，用较细的木条做多根独立的柱子是不合理的，因此发展出使墙体成为连续的结构整体。包貂的尝试为后期成熟蒙古包网壁墙体结构的产生铺平了道路（图2-20）。

（三）额别孙粘布列格日

额别孙粘布列格日一词最早出现在"蒙古秘史"中，[3]描述成吉思汗的十世祖先孛端察儿被诸兄抛弃后，一个人栖身在额别孙粘布列格日。虽然其蒙古语的含义为草编的房屋，但描述的是围护结构，其支撑结构仍然类似于包貂，与包貂不同的一点是，它在顶部已有了天窗的融入。

五、墙体构架的成熟形态——网式壁架

从敖包亥和肖包亥一直到切金格日、包貂等，蒙古包各个主要构件的由来已经很清晰。乌尼（屋顶木椽）、陶脑（天窗）等与如今蒙古包的定制形式已经差别不大。从哈特古尔开始墙体作为独立构件到如今蒙古包的网式壁架仍然经历了多种演变过程。

因此，我们不禁要追问，为什么蒙古人的生活中演变出了网式壁架？

首先，我们来探讨一下网式壁架的构造特性，一是对材料的要求不高，网式壁架一般由直径3厘米左右的柳枝作为材料，其有弹性，可以适量弯曲，是在干旱草原地带比较容易得到的原材料。二是相比单点式结构支撑，网式壁架作为一个整体承重，受力均匀，局部的损耗不影响整体结构。三是可伸缩墙壁，尤其适合蒙古族游牧生活经常搬迁的需求。一般蒙古包由四片墙体组成，构件数量少，也易于互相组装，墙体收缩后运输时占地少。这种伸缩性也带来了形式的弹性，能够灵活调整蒙古包高矮，应对不同气候。四是抓地性能好，在草原常年风速较大，网式壁架有多个木椽的底部与土地产生摩擦，阻止在风中产生位移，无须埋入土中的建筑基础，就能够获得更好的抓地性，如此巧妙的特征也对游牧生活非常有利。

从以上的特征分析可以得知，网式壁架与蒙古族生存环境和生活方式完美契合。它的产生也应该是时间长河中必然的结果。为进一步挖掘其根源，我也想在这里探讨其演变的过程。

首先，蒙古包互相连系的"A"形柱列，对网式壁架斜向交错的支撑具有启发性。单一的斜向构件无法完成支撑，但首尾相连的斜向交错连系，可以带来整体结构的稳定性和完整性。其次，蒙古族祖先在敖包亥时代就掌握了柳条编制的技艺，并掌握了如何用纤细材料组成具有一定刚度的整体构件的技能。正如蒙古包中互相连系的"A"形柱列，它承受侧推力的能力并不强，因此在蒙古包内部也会出现几根像肖包亥式的斜柱，用来承载一定的屋顶荷载（看蒙古包示意图）。如果将蒙古包中互相连系的"A"形柱列像柳编一样密集排列，必将提升它整体的强度。第三，哈特古尔时期，屋顶和墙体构件刚刚分离时，屋顶木椽和墙体木椽由一根圈梁连系，木椽端部与圈梁连系的部分呈"Y"形树杈状。这种"Y"形连系与汉族建筑的榫卯相比，其稳定性和刚度是欠缺的，但恰恰正是这种不稳定带来了灵活可调整的契机。这种方式对游牧生活是有利的，网式壁架端头的交叉正是这种"Y"形树杈结构的延伸（图2-21）。

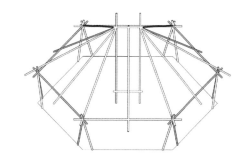

图2-19 哈特古尔结构示意

图2-20 蒙古包结构示意

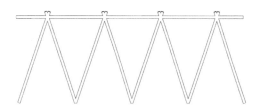

图2-21 从"A"形柱列演化到网式壁架

六、围护材料的演变

前面的部分我们主要讨论了蒙古包结构形式的演变过程。对其围护结构并未过多提及，这主要出于表述清晰的考虑。在建筑发展过程中围护材料的发展也至关重要。支撑结构发挥限定空间和承载围护构件的作用，而围护结构真正发挥遮风避雨、保温隔热的作用。研究蒙古包建筑围护结构演变过程，我们仍要回到自然环境和生活方式的思考。从早期的兽皮树叶到蒙古包成熟时期的羊毛毡，蒙古包在适应游牧生活和取得更好的保暖效果方面得到了很好的发展。

蒙古包围护材料的发展主要与游牧生活生产力发展关系密切。从草木兽皮到羊毡——是从简单自然获取型材料到畜牧副产品材料的过程，这是一种很大的飞跃。农耕文明中人们将棉麻等自然植物和蚕茧吐丝制作成各种布料，而游牧文明中人们根据牲畜换季脱毛的特征将牲畜绒毛制作成精美的毡子。

七、总结

游牧生活从原始状态逐渐走向成熟的过程，是以生活质量提高对居住空间的要求为导向的。以上我们研究了蒙古包从早期简易形式一步步丰富为近代成熟形制的过程，在这个过程中重点讲解了蒙古包乌尼、陶脑、哈那在一代代更新升级中如何逐步形成的历程。在不同地域和不同历史时期，还有比文中描述更多类型的产生，但一方面缺少很多历史材料的佐证，另一方面出于更清晰地解释蒙古包构造发展的过程，使读者对蒙古包构件的性能要求有更直观的认识，有意做了简化处理。笔者认为，在民居研究中应该更多地聚焦于当前存在的形制，了解它构造特征与性能要求的关系，将历史前人的建造智慧能够运用到当今的建筑实践中去。

第三节 蒙古包构造体系

从上节的蒙古包发展历程中，我们了解到蒙古族一直以生态环境和生活方式的完美契合为终极追求目标，以围合空间的扩大、结构的稳固、恶劣环境的应对、保暖性能的提高以及室内环境的优化为分段目标，不断改进优化蒙古包构造体系。墙和屋顶的分离、开辟天窗、采用毡子等均为具体构造优化的体现。

在本节中我们以当今较为成熟的蒙古包体系作为蓝本，研究其构造组成并解析构造背后的原因和原理。蒙古包构造从其材料类型和所承担的性能作用可分为木构体系、围护体系和绳索体系，下面我们将分别进行解析说明（图 2-22）。

一、木构体系

蒙古包木构体系中最核心的构造性能要求是：首先，作为支撑结构，需保证房屋的安全性。

图 2-22 蒙古包构造分解图

其次，提供空间限定，通过墙和屋顶围合出了别出心裁的居住空间。最后组合方便，简单明了的构造方式，赋予了适应游牧生活的特征。

蒙古包的木构体系由哈那（网壁墙）、陶脑（天

图 2-23 蒙古包木构体系示意图

窗）、乌尼（屋顶檩条）、门和柱组成。他们各自承担重要的构造性能要求，有鲜明的形式特征，且互相之间又有紧密的联系（图 2-23）。

（一）乌尼

乌尼（屋面檩条）是蒙古包发展历程中最先有的构件，最早期的肖包亥可以看作是由多个乌尼围合出的圆锥形房屋。不同于原始时期的简单做法，成熟蒙古包形制中的乌尼是陶脑（天窗）和哈那（网壁墙）之间承担屋面支撑作用的构件。

既然乌尼是形成蒙古包屋面的主要构件，我们应当先从蒙古包屋面的性能要求来认识乌尼的构造特点。在蒙古包中屋面首先承担着防雨防雪的遮蔽作用；其次是扩充室内空间，在行为和视觉上使得蒙古包内的空间更加敞亮；最后有对抗高原强风以及引导室内热烟的需求。针对以上需求，圆锥形的屋面形式能够很好地对这些进行回应。出于游牧生活中快速搭建拆卸的营造要求，通过尺寸相同的多个檩条杆件，底部和顶部分别在不同标高的排列能够得到完美的圆锥形形体。杆件越多，杆件之间的缝隙越小，圆锥形形体更加完整，同时由于受力平均分布，对每个杆件自身刚度要求也有所降低。乌尼一般是直径为 3 厘米左右的长的杆件，在高处的一端（与陶脑连系）称作"乌尼的胸"，低处的一端（与哈那连系）称作"乌尼的脚"。一般乌尼的胸会做成方形截面，能够更好地与陶脑的孔穿插，使整体稳固。乌尼的脚截面为圆形，并有小孔穿入套索，与"Y"形的网壁墙头连系。乌尼的高度一般与柱子，也就是蒙古包整体高度相近。如果乌尼长了蒙古包会变得较高，短了又显得低矮（图 2-24）。

在一座蒙古包中所运用的乌尼数量显然与哈那的数量相关。一个哈那一般有 15 个"Y"形墙头，门头一般有 4 ~ 6 个，所以，常见的四壁蒙古包所用的乌尼的数量就是（4×15）+5=65 个。当然现实应用中不会如此的刻意和固执。随着哈那数量增多，墙头"Y"形口也增多，所用的门也要变大，整个乌尼的数量也会增多。因此，蒙古包乌尼的数量无法准确定量，不同大小的蒙古包

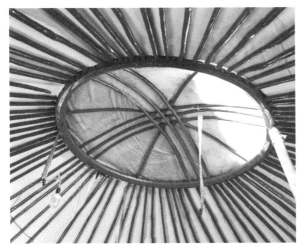

有不同数量的乌尼。

（二）陶脑

在蒙古包空间中天窗的性能要求主要是排放热烟和采光，以及与屋面乌尼的顶部进行连系。因此，陶脑的构造特点是圆环形，在圆环外圈有与乌尼数量相等的插孔，并与乌尼连系，将荷载传递给乌尼（图2-25）。圆环内部是架空的，以便空气交流和采光。陶脑的直径由蒙古包大小和哈那的数量决定，陶脑直径过大，虽然光线充足，但导致空气流通过大，室内散热过快，不利于保暖；直径过小会导致光线昏暗，空气流通差。一般蒙古包平面直径是陶脑直径的四倍，与门宽接近。常见的四壁蒙古包的陶脑直径约110～130厘米，五壁蒙古包的陶脑直径约123～155厘米，六壁蒙古包的陶脑直径约143～165厘米。

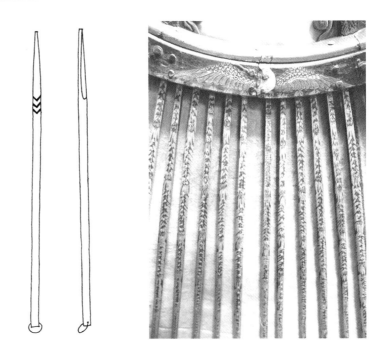

陶脑的构造形式在不同地区因应对不同气候条件和材料条件有不同的工艺做法。一种是一体式穿孔陶脑，这也是比较常见的类型。这种类型的陶脑像车轱辘一样，由外环和内环组成，外环有与乌尼数相等的插孔。这样的陶脑是一体的，不能拆开，自重较大，较为结实，材料一般用木制。第二种类型是铰链式陶脑，铰链式陶脑与一体式最大的不同是它由两个半圆形铰接成一个整的圆环，并且其他构件之间的连系也都用绑扎、铰接等工艺，具有更强烈的地域工艺特征。

从形制上蒙古包的天窗有胡鲁天窗、轮式天窗、架式天窗、"十"字式天窗4种基本类型，前

图 2-24 乌尼

图 2-25　乌尼与陶脑天窗

两者的形态相似，胡鲁天窗外圈插有众多串接乌尼尖的胡鲁，4 种天窗的代表性部族分别为：察哈尔、苏尼特、巴尔虎、土尔扈特。阿鲁科尔沁胡鲁天窗为捆接式与插孔式两用天窗，但捆接式居多，即乌尼尖与天窗外圈以串接固定。喀尔喀轮式天窗的首要特征便是内圈的设置，轮式天窗是最为普遍使用的天窗类型。巴尔虎架式天窗，只有一道横木，通常为捆接式天窗，也有少量插孔式天窗。土尔扈特"十"字形天窗，其构架以三道交错的横木组成，此类型是中亚各民族普遍使用的天窗（图 2-26）。[4]

（三）哈那网

在蒙古包发展历程中，哈那网壁墙是较晚产生的构件。在任何建筑中，墙最主要的性能是限定围合空间。在蒙古包游牧生活的应用场景中，还要考虑为对抗强风地面的抓地性，屋顶斜向荷载的垂直传递，搬迁时的快速拆卸、安装等。而哈那能够以最简单的构造应对以上的性能需求，只可用"巧夺天工"来形容。最大的创意不在于其复杂的构造，而是以四两拨千斤式的简单巧妙

的方法解决了复杂问题。

哈那用两层柳木条错开排列，在两层木条的重合位置打眼，并用骆驼或者牛皮的切条穿孔打结，成为可灵活转动的连接节点。如此，两层柳木条在节点的控制下可以灵活伸缩。伸开后的网壁菱形口叫作"哈那眼"，"Y"形交接口叫作"哈那头"，与乌尼连接用。墙与地面接触的位置叫作"哈那脚"。左右两侧与其他哈那连接的位置叫作"哈那口"（图 2-27）。

哈那灵活伸缩的特点不仅在蒙古包拆卸运输安装时起到明显的节省运输空间的作用，在正常使用过程中也有很多调节作用。在春天强风肆虐时，会将哈那伸缩得更长，高度更扁，使得房屋所受的风压得到减小。在秋季多雨季节，会将哈那伸缩得更短，高度更高些，使得屋顶更陡，利于屋面排水。哈那的竖向截面在一些地方几乎是垂直的，但如今看到的更多是"S"形截面。哈那头微微向外斜，哈那头以下有一些内倾，再往下较长的距离像一个微微顶起的肚子，最下面的哈那脚也有一定的外斜。这样的弯曲处理是由于在内倾的位置能够

a 阿鲁科尔沁胡鲁天窗

b 喀尔喀轮式天窗

c 巴尔虎架式天窗

d 土尔扈特"十"字式天窗

图 2-26 陶脑类型
（来源：额尔德木图
《蒙古族图典·住居卷》）

a 两片哈那的连接方式 1

b 两片哈那的连接方式 2

c 收缩的哈那

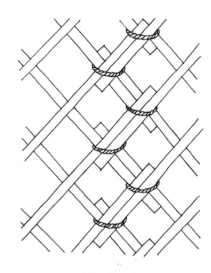

d 两片哈那的连接方式 3

e 张开的哈那

图 2-27 哈那

用绑绳将整个几片墙固定住，并且哈那头和脚的外斜利于荷载的传递。

（四）门

在所有建筑中门是室内空间和室外联系的交通构件。如果蒙古包结构是单纯的哈那、乌尼和陶脑的组成将是非常完美、没有破绽的整体，但从实际使用要求来看，这是不可能的。所以，必须要有一个门来满足内外交流的需求，并尽可能保证屋面檩条的整体性。这就是蒙古包的门与其他类型建筑的门最大的不同之处。它既是室内外联系的通道，同时也应是墙体的延伸。这种特别的性能要求，在构造上的体现就是蒙古包门上框有与乌尼连接的构件（图 2-28）。

图 2-28 蒙古包门

（五）柱子

很多人会疑惑为什么有些蒙古包有柱子，有些则没有。柱子是不是结构不太稳固的蒙古包无奈的助攻？蒙古包柱子的用途由以下两点决定：一是随着蒙古包面积的增大，跨度的增长，陶脑和乌尼有掉下的危险，因此在面积较大的蒙古包，柱子是常态的存在。并且由于蒙古包构件的连接都是活扣，容易产生构件之间的位移以及年久失修导致构件老化损坏，这种情况下柱子也是常态

的存在，防止意外的发生。二是在蒙古包搭建过程和修缮工作时，需要临时在陶脑下搭柱子，完成搭建和修缮工作（图 2-29）。

二、围护体系

围护体系最重要的性能要求就是保证蒙古包室内的保温隔热和遮风避雨之用。"在木骨架外覆一层保温材料达到保温和保护作用"是人类住居历史中较常见的围护结构类型，在蒙古包早期

图2-29 柱子

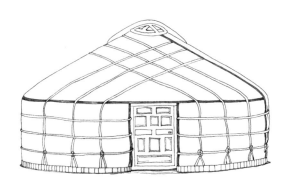

a 蒙古包正立面示意图

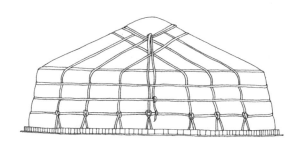

b 蒙古包背立面示意图

c 蒙古包正立面

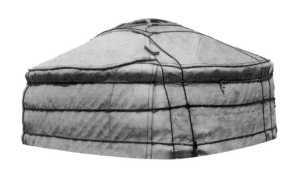

d 蒙古包背立面

图2-30 蒙古包的外立面

发展过程中也用过树枝、树叶、兽皮等当作保温材料，最后成熟的蒙古包选用毡子作为保温材料是对于游牧生活非常契合的绝佳选择。

对应蒙古包木构体系各个主要构件，都有与之搭配的毡子做的围护构件。如额如和之于陶脑、德格布尔之于乌尼、陶古日嘎之于哈那等。其各自的形状均以木构构件为蓝本，达到完美契合。但这不能说有多么巧妙的设计，只是工艺的纯熟罢了。"如何找到保温性能绝佳、可拆下安装、同时又在游牧生活中能方便获取的材料"是蒙古包保温材料选择的核心标准，而毡子则完美地解决了这一需求。在前文中专门对羊毛毡优良的保温隔热性能做了细致讲解（图2-30）。

（一）幪毡——额如和

遮盖在陶脑之上的方形毡子叫作幪毡，在蒙古语中是额如和。额如和的边长尺寸约比陶脑直径长40~50厘米为宜，比这个短了就很难包住陶脑，再大了又显得不美观。不同于其他部位的围护毡子，额如和需要频繁地拉开和遮蔽。因此，在额如和的四个角都有韧性强的绳子用来开合额如和。额如和四个角中一个角要对其门，将绳索绑扎在门上。对角的一角系在北侧正中的哈那上。另外两个系在东西两侧哈那上（图2-31）。

每天清晨破晓，蒙古包里的人要起来，把额如和揭开。揭开额如和不是将其全部揭开，而是揭开一半，将揭开一侧的绳子绑在对角一侧哈那

的围绳上。如果全部揭开的话，再遮起来就比较
烦琐。夜间或者雨雪天气会用同样的方式揭开绳
索将额如和再遮盖起来。

（二）顶毡——德格布尔

覆盖在乌尼之上，当作屋面遮蔽的毡子是顶
毡，在蒙古语中是德格布尔。在平面上展开的德
格布尔呈扇形。一顶屋面一般需要两张德格布尔
来覆盖，分为前片和后片。但两片不一样长，后
片要长些，这样覆盖的时候后片可以遮住前片的
边缘。如果是两层毡子的话，里面那层顶毡正好
相反，前片长、后片短，再后片长、前片短。是
否可以用一张整体毡子做全部的覆盖呢？在当代
实际考察中我们也发现有这样的做法，但这并非
是传统的做法（图 2-32）。

（三）围毡——陶古日嘎

在蒙古包哈那外覆盖的毡子是围毡，在蒙古
语中是陶古日嘎。围毡呈长方形，一座蒙古包同
样也是由几张围毡一起覆盖，也跟顶毡一样，在
边缘处要重叠覆盖。顶毡的顶部要留出二三十厘
米盖在乌尼上，夹在顶毡的底下。围毡与顶毡相
叠的地方有专有名词叫扎博格，也可以根据功能
称为衬毡。这样重叠的作用有两个：一是防止围
毡顶部滑落，起到固定作用；二是使得墙面和屋
面的围护之间没有冷桥（图 2-33）。

（四）顶饰——呼勒图日格

覆盖在顶毡之上的装饰用薄毡，在蒙古语中
叫作呼勒图日格。它的顶部到达陶脑下边缘，底
部到达哈那的顶部。样式与额如和有些相似，同

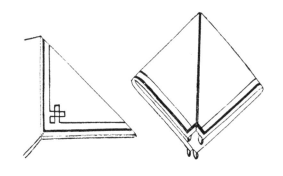

图 2-31　幪毡（额
如珂）（来源：宝·
福日来《蒙古族物
质文化》）

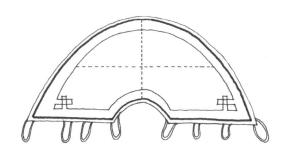

图 2-32　顶毡（德
各布尔）

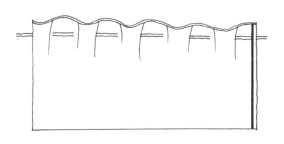

b 围毡（陶古日嘎）

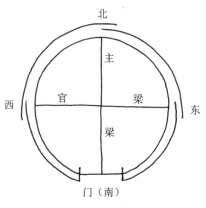

a 围毡的一种常见围法

c 披围毡场景

图 2-33 围毡（陶古
日嘎）

样是有尖角,并在尖角上有绳索与哈那的围绳相连。但与额如和不同的是它的尖角更多。

在传统时期,喇嘛、贵族、富户等才采用顶饰,普通老百姓用的很少。所以,并不是蒙古包构造必需的构件,主要起到装饰作用,而非围护保温作用(图2-34)。

(五)底边围子——哈亚布奇

在哈那底部围护的构件是底边围子,蒙古语叫作哈亚布奇。它的用材有毡子、帆布、木片、芦苇等不同的类型。主要作用是,冬天防止冷风灌入,夏天防止雨水侵蚀围毡底座、防止蚊虫(图2-35)。

三、绳索体系

绳索是蒙古包三大体系之一,绳索在整个建筑的构造体系中主要起到不同构件之间的连系,提升整体强度的作用。如同中国传统建筑用榫卯方式使得两个构件紧密相连,水泥将两个砖块牢固砌筑一样。在固定建筑中用绳索作为连接构件的非常少,因为有更牢固的连接方式。但这并不意味着绳索方式是落后的。在蒙古包这样需要移动、频繁拆卸组装的建筑类型中绳索是当时最为理想的连接方式;组装后有一定的强度,拆卸时也不费功夫。绳索体系的优点也是蒙古包建筑最大的特点——灵活。

蒙古包的绳索体系分为三类:第一类是木构连接绳索,像哈那、乌尼等独立木构构件也并非完全用完整的木材组成,构件组成中有绳索作为

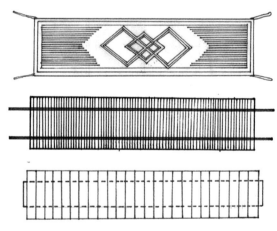

a 毡子哈亚布奇(上)柳条哈亚布奇(中)木板哈亚布奇(下)

图2-34 顶饰

b 柳条哈亚布奇实景图

图2-35 底边围子——哈布亚奇(来源:郭雨桥《细说蒙古包》)

连接节点。第二类是苫毡连接绳索，额如和、围毡等为了构件之间的连系，一般在角部连接着绳索。第三类是独立绳索。

（一）木构连接绳索

1. 哈那的小皮钉——伍德尔

蒙古包的网壁格墙——哈那之所以能够伸缩自如，收缩后只有四五十厘米宽，张开时达到三四米。网格木条之间可灵活转动的连系构件全靠骆驼或牛皮制成的皮钉，在哈那中此节点叫作伍德尔（图2-36）。

2. 乌尼下端的小环绳——瑟格勒套日嘎

乌尼与哈那头的连系是组建整个房屋框架的关键，也是陶脑和乌尼的荷载通过哈那传递到地面的转接节点。乌尼的两端分别与陶脑和哈那连接固定，与陶脑的连系是通过插销的方式，与哈那头则是通过小环绳，将环绳套在哈那头"Y"字形叉口的其中一个分叉上（图2-37）。在井字式陶脑和串联式陶脑的内部组成构件的连系中也用皮绳或毛绳进行绑扎（图2-38），在插孔式陶脑中一般用不到绳索。

（二）苫毡连接绳索

苫毡连接绳索指辅助苫毡完成构造性能的连接件。上文所说的额如和、围毡等均需要在边角处用绳索来完成绑扎固定工作。这样的绳索有长有短，如额如和四角的绳索很长，需要直接绑扎在哈那脚处；德格布尔和陶古日嘎的连接绳索相对较短，只须与相接的木构架进行绑扎。

（三）独立绳索

1. 陶脑坠绳——齐格达

为使蒙古包整体架构不走形，在大风中增强牢固度，从陶脑坠下来的绳索叫作齐格达。在木构架中陶脑是最神圣的构架，同样，在绳索中齐格达也是最神圣的，常用蓝色哈达与之装饰（图2-39）。

2. 围绳——部思勒箍

在蒙古包哈那外围起到箍紧哈那和陶古日嘎的作用，箍紧强度和强化毡子与木构紧密连系的围绳叫作部思勒箍。部思勒箍分为内外围：内围

图2-36　哈那的小皮钉——伍德尔　　　图2-37　乌尼下的小环绳——瑟格勒套日嘎

图2-38　串联式陶脑的细部

图2-39　坠绳

的部思勒箍直接在哈那木构架之外使用，通过围圈来强化哈那之间的连系度；外围部思勒箍在陶古日嘎之外使用，防止它与哈那产生缝隙（图2-40）。

四、蒙古包的搭建作业

以上介绍了蒙古包的构造体系，而这些构造

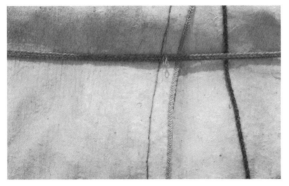

a 外围绳 1

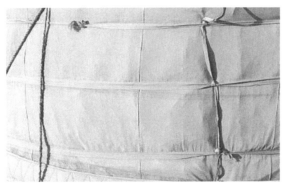

b 外围绳 2

c 里围绳 1

d 里围绳 2

图 2-40 围绳

的特征都是为了能够更快速结实地搭建、完好无损地拆卸以及运输时节约空间。蒙古包的搭建不像定居建筑的营建那样工期长、用工多，但作为较长时间居住的民居建筑也不像帐篷一般随意。蒙古包的搭建有它约定俗成的多层工序，这些工序决定了蒙古包搭建的准确性以及保证了日常应用的舒适（图 2-41）。

（一）修整宅基

这是一项综合了牲畜给水、夜间牲畜安顿、日照采光、洪水防范、躲避风口、视点位置、宅基地势等多项因素的综合调研分析工作。首先通过综合调研选择合适位置，之后会清理宅基，开始搭建工作。由于蒙古包哈那的伸缩性能，所以对地基平整的要求没有像盖砖瓦房一样严格苛刻，地势细小的不平坦能够通过墙体的伸缩性来化解。

（二）铺地板

蒙古包铺地有冬夏之分：夏天的地板要空心布置，具有防止雨水和潮湿的作用；而冬天更加注重保温，须在地板下用细土夯实，将缝隙都用细土塞满，避免漏风。

（三）圈围哈那

圈围哈那指将运输时收缩状的哈那伸张起来，互相连系圈围的工作。圈围的时候一般从门的西侧哈那开始立起来。由于哈那平面可弯曲的特点，单片哈那也能够自己立起来，将几片哈那全部立起来后，将各个哈那口对齐互相绑扎，同时也将门框一起立起来与相邻的哈那口绑扎，与哈那一起围成一个完整的圆。围成一圈后，最重要的工作是调整哈那头的高度，保证它们在一样的高度。由于哈那网壁木格的特点，很方便调整其高度，将哈那水平方向缩一点它会变高，再伸张一点又会变低。由于地基不可能是绝对水平的面，因此调整哈那头高度的工作非常重要。最后将哈那外的内围绳系上，保证其整体结构的稳定。我们在哈那的介绍中讲过，哈那的剖面一般是"S"形的，围绳的高度在"S"形上部凹进处，保证内围绳更加紧箍。

（四）立陶脑、勾乌尼

立陶脑指将陶脑在合适的空间位置固定，勾乌尼指将乌尼的顶部插在陶脑指定的孔中，将乌尼瑟格勒套日嘎（底部小环绳）与哈那头钩住的工作。这项步骤中，由于不同地域，陶脑的形式不同，会带来安装动作的不同。

插孔式陶脑：一般先确定陶脑的平面位置；它水平投影在蒙古包正中心，并与门对齐。立陶脑、勾乌尼时，先一个人将陶脑举起站在一定的高度（如桌子等）上，其他人从蒙古包哈那四个方向插上几个乌尼，再将乌尼的瑟格勒套日嘎（底部小环绳）与哈那头钩住，再逐步将全部的乌尼与陶脑和哈那相连。乌尼插到一定数量的时候就不需要人在下面托着陶脑了。过程中会有诸多需要微调的地方，比如高度不合适、向某个方向偏移等，这时通过勾乌尼的位置调整和陶脑连绳的拉动来调整位置。

串联式陶脑：它与插孔式陶脑最大的不同是，陶脑和乌尼安装时已经预先柔性连接好。所以先直接将陶脑和乌尼的组合立在哈那围圈中间，此时乌尼都是向下垂落状态，像一个圆柱体一样，圆柱体顶面是陶脑，侧曲面则由全部的乌尼构成。在圆柱体里面进去一个人，将乌尼向外推，在外面的人将乌尼一根根与哈那头钩起来。

到此，蒙古包的木构搭建已经完成，蒙古包轮廓也已经确定，这也是最重要的工作，其他就是蒙上围毡的工作了。

（五）披围毡（陶古日嘎）

披围毡指在哈那外用围毡包裹起来的工作。从门边的哈那开始将围毡的边与门框的边正好对齐，围毡的高度也要与哈那的高度相匹配，围毡的顶部将包裹一部分乌尼底部的部分，保证与顶毡有部分相叠的部分，避免产生缝隙，成为室内冷桥部分。冬天的时候会披两三层围毡，但如果太厚了也容易引起室内发潮。

（六）披顶毡（德格布尔）

披顶毡指在乌尼形成的圆锥面上用毡子做围护的工作。顶毡一般是两片扇面的毡子，顶部与陶脑外圈对齐，底部与哈那头对齐。先披前脸的顶毡，后脸的顶毡注意盖住前脸的毡子，避免产生缝隙。在围毡和顶毡披挂完后，一般套上整面的围布（布热也思）将围毡和顶毡全部盖住，其作用主要是装饰和保护毡子。但没有这层围布也不影响蒙古包正常使用。

（七）捆带子和围绳

捆带子和围绳是为了使围护材料（毡子）与木构相贴更紧密，不被风吹鼓起来，保证室内热环境舒适度，同时能够使蒙古包外观更加精致漂亮。蒙古包木构是几何特征明显、线条丰富的形态，但被毡子围住之后，盖住了全部线条，因此，捆带子和围绳使它的外观增加了线性要素，使得蒙古包更加美观。

捆带子：顶毡上一面四根带子，相反方向在门头位置菱形相交，形成多个菱形图案，也叫作吉祥结、外围绳；与在哈那外为主的内围绳一样，也是水平圆环形从围毡外再围住哈那。上部的外围绳与内围绳高度相当，此外在哈那中部和下部再围两根外围绳。如果有顶饰毡同样像捆带子一样套在屋顶之上，将它各角部带子与外围绳绑扎。

（八）放幪毡（额如和）

幪毡是一个方形的毡子，四角有带子。将它方形的四个角指向四个方向，先将南北向对折，形成三角面，盖在陶脑的后半圆上，东、西、北三个方向的带子分别捆绑牢固，南向的带子不捆牢，而是用活扣系在围绳上。这时候阳光从半边的陶脑射进来，照亮室内。到了晚上或者下雨天需要盖住幪毡时将活扣系在北墙围绳上的南向的带子解开，换到南墙处去系的时候，幪毡就自然盖全了陶脑。

（九）拉哈亚布奇

最后，将哈亚布奇从门边开始绕着哈那做密封地面与哈那缝隙的工作。如果是木制的哈亚布奇，会与哈那留一小缝，在缝中填满土。

以上是蒙古包基本的搭建流程，除了结构和围护需求外的一些修饰工作没有展开描述。总体来讲蒙古包的搭建流程是先搭好木框架，再做围

a 搭建哈那

b 铺顶毡

c 围围绳

图 2-41 蒙古包的搭建过程

护结构，最后用围绳做强化连接的工作。相比其他民居建筑，蒙古包的搭建工作有快速搭建（能够在一两小时内全部完成）和干作业（过程没有复杂的和泥粘接等工作）的特点。

第四节 蒙古包与游牧生活、文化

文化在广义上是人类在社会生活实践中创造的物质和精神财富的总和。居住空间作为生活场景的重要载体，游牧生活的种种方式习俗影响着蒙古包的发展，同时蒙古包的构造和空间形式也对文化习俗的形成起到影响作用。生活习俗的约定俗成与建筑空间形式的发展是互相作用的关系。

在本节中我们研究蒙古包空间布局与生活方式、生活习俗的关系，以及更深刻的文化内涵。

一、蒙古包空间布局与生活习俗

圆是游牧文化较为显性的符号，游牧生活的各个方面总能看到圆形的控制。我们在蒙古包的发展历程中讲过，平面的圆是由游牧生活频繁拔营起寨的居住特征来决定的，是自然的选择。这种最原初的设定影响了游牧生活的场景，在数千年的发展中，圆的形制也得到更广的内涵。

圆形平面在行为约束和视觉感受上都给人强烈的空间向心性，形成天然的环状分层空间结构。这种主次鲜明的空间层次也塑造了游牧文化的生活场景。以蒙古包内的火撑子为圆心，蒙古包的空间层次可分为以下三个环圈层。

（一）香火圈

对于游牧生活来说，火的重要性不言而喻，它关系到保温生存、获取熟的食物。在蒙古包发展历程中，天窗的出现也与在室内用火的需求直接关联。由于火的重要性，蒙古人中对火也赋予了更多的精神内涵：视火为圣洁的，是家族发祥传承的寓意，是一个家庭的象征。因此，火撑子是蒙古包不可撼动的圆心位置。在摆放火撑子位置的时候，会将从陶脑中心垂下的绳子自然垂落

到地面,地面所及之处就是火撑子安放的位置(图
2-42)。

香火圈的区域大约是陶脑投影圆形内切方形
的空间。一般用正方形木格加以限定比如五壁蒙
古包陶脑直径约 1.4 米,它内切方形的面积约 1
平方米,这个位置就是蒙古包内提供热源、提供
光源、提供热食的能量核心。自 20 世纪 60 年代
开始铁炉子逐渐取代火撑子,成为蒙古包室内做
饭取暖的主要用具(图 2-43),在察哈尔、巴林、
阿鲁科尔沁等地区蒙古人很早便开始砌筑土坯灶
台,将火撑子作为辅助性用具来使用(图 2-44)。[5]

(二)铺垫圈

火撑子安放好后,开始做铺垫层。如果蒙古
包内没有太多家具可以将这个铺垫层直接做到墙
角位置,在铺垫层下可以再铺一层牛皮或塑料布
等防潮,在蒙古包入门处做一层木地板的做法是
一种古老的方法(图 2-45)。

毡子铺垫或木地板铺成后的形状类似倒凹
形。凹形豁口对着门,豁口的深处就是火撑子的
位置。火撑子到门没有铺垫的空间叫作"落脚区",
方便从室外进来,用作缓冲空间;凹形内部当然
是"落座区"了,在这个空间内发生起居、用餐、
休息、工作等行为。虽然没有绝对严格的空间划
分,但有千百年来约定俗成的行为约束。在蒙古
包中西北、北侧是信奉神佛的位置,西侧和西南
侧是男人的座位,东北侧、东侧、东南侧是女人
的位置。蒙古人有尚西侧的传统,这与汉族尚东
侧的传统截然不同。

(三)家具圈

在铺垫圈的外围是摆放家具的环形区域。蒙
古包里的家具比较精简集约,都是游牧生活必备
物件。在铺垫层里也说过,蒙古人以西北侧为尊
贵的位置,因此在西北侧一般放置佛龛、祖先牌
位,并会布置供桌等。

在蒙古包中西侧是男人的位置,所以靠西墙
也主要摆放男人的用品,如狩猎、征战的用品,
也会放马头琴等乐器。在西南侧一般放置马鞍具,
如马鞍、马笼头、马鞭等。一是遵从了西侧是男

图 2-42 火撑子

图 2-44 土坯子灶台

图 2-43 铁炉子

图 2-45 入门处木
板

人用品的习俗；二也靠近门，方便出门使用。还有一个有趣现象是，西南侧会安置酸马奶缸，这好像与"男人物品在西，女人用品在东"的习俗有些矛盾，但仔细寻根后发现，在早期做酸马奶等的确是男人的工作。

在北侧靠墙放的被桌，上面叠放这家主人的行李被褥。也有的地方在这个位置放一对板箱，将女人的首饰、绸缎、贵重物品等放在里面。东北侧是女人用品的位置。东侧是碗架的位置。在蒙古包的食物体系中以红食（肉制品）和白食（奶制品）为主。所以在碗架的位置也是将红食、白食和水分开布置。东南侧是水缸、锅架等，也会放置烧火用的牛粪箱子等。

室内空间的设置反映着居住者的生活秩序和生存愿景，室内空间是一个民族文化生活的缩影，其中凝结了居住群体的宇宙观、价值观及人生观。环视蒙古包室内小尺度的圆形空间，少量而小巧的几样家具，悬挂于哈那上的器具，纹路精美的毡垫与挂帘一同构成了室内的全部景象，其给予人的总体印象是简易而便捷，但不乏舒适和优雅之感。蒙古包的形式差异并非只在于其外部形态，也体现于室内空间的设置与由此形成的行为秩序等方面，各地域部族的蒙古包在保持空间划分与方位认同一致的前提下，在家具摆设与空间利用方面形成差异。蒙古包圆形平面的右半部分（西）为男士区域，左半部分（东）为妇女区域，上半部分（北）为崇高的区域，下半部分（南）为低微的区域，这种排位已成为一种习惯，这一空间的性别与社会属性基本决定了室内器具的摆放位置。蒙古包室内空间的基本秩序在蒙古各部具有高度的一致性，今日内蒙古地区蒙古包室内空间格局，大致有东、中、西三种代表类型，三种布局与主要家具及起居习俗的不同而具有显著差异。然而，其基本秩序与理念是相同的，当然蒙古包室内空间也因季节居住时间的长短，其主要生产目的等因素而具有灵活多变的特征（图2-46 ~ 图2-51）。[6]

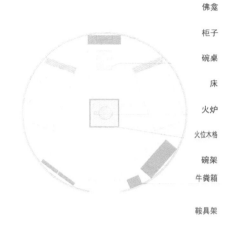

佛龛
柜子
碗桌
床
火炉
火位木格
碗架
牛粪箱

鞍具架

柜子
佛龛
柜子
碗桌
火炉
火位木格
碗架
牛粪箱
酸奶桶
鞍具架

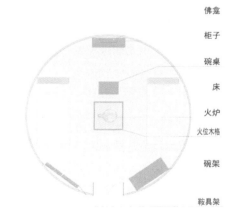

佛龛
柜子
碗桌
床
火炉
火位木格
碗架
鞍具架

图2-46 蒙古包室内布局

上——西部模式（代表部族：额济纳土尔扈特）

中——中部模式（代表部族：杜尔伯特、苏尼特）

下——东部模式（代表部族：巴尔虎、布里亚特）

a 室内全景

b 正北区位

c 西南男性区位

d 东南女性区位

图 2-47 额济纳土尔扈特蒙古包内部

a 室内全景

b 男女区位

c 西北男性区位

d 东南女性区位

图 2-48 苏尼特蒙古包室内

图 2-49　巴林蒙古包室内

a　西北的男性区域

b　东南的女性区域

图 2-50　扎鲁特蒙古包室内

a　西北的男性区域

b　东南的女性区域

a　室内的床具

b　室内正北方位摆放的电视机

图 2-51　巴尔虎蒙古包室内

c　西南的碗柜和牛粪篓

d　东南女性的区域

二、蒙古包与游牧生活时空观

在古时候世界各地的人们都有通过太阳的角度分辨时间、调整生活生产规律的经验。蒙古人也不外乎这样。尤其游牧生活中每户之间的距离甚远，集体社会生活聚落较少，所以蒙古人生活与大自然规律的关系更加紧密。

日晷是人类较早的计时工具，而蒙古包就是游牧民族生活中天然的日晷。人们会通过从陶脑射进的阳光所照到的位置判断一天的时间。比如"太阳照到陶脑圈了"就是太阳刚刚升起的时候。"太阳照到乌尼的中间"就是早上太阳升得比较高了。"太阳照到哈那头"时应该已经到小上午了。"太阳照到铺垫上"已经是中午时候了。"太阳照到东北侧"表明已经过中午了。以此类推，"太阳从包里出去"的时候太阳已经快落山了。

当然，冬季、夏季所对应的标准时间肯定是不同的，但与游牧生活关联的是，依照日夜轮回中的大自然气候和阳光的变化，来安排一天的游牧生产生活。

在蒙古包中除了计时功能外，它还有纪年的作用。蒙古族纪年方法也是 60 干支。早期传统四壁蒙古包一般有 60 根乌尼，四个哈那各有 14 根，门有 4 根（后面积扩充等原因，一般哈那有 15 个哈那头了）。从第一个哈那（门西侧数起）头的乌尼代表乙未年，第二个乌尼是丙申……这样一圈绕下来到最后门上的那根在甲午年结束，正好是六十年的轮回（图 2-52）。

三、蒙古包原始信仰与精神赋予

本书有关蒙古包论述的主要逻辑是：以唯物主义观念，分析蒙古包构造特点和构造背后与生活、气候相关的性能要求以及构造与性能的对应关系。但只有物质文化的解释，而缺少了非物质的精神文化赋予的探究将无法描绘出完整的蒙古包文化面貌。虽然原始崇拜与信仰寄托大多是从日常的物质生活规律中启发而成的，但物质文化与信仰文化的传承路径却又不同；比如说蒙古包中火的运用，最初因室内取暖、做熟食物的用途

产生，但由于原始社会生火方法的匮乏，火变得格外珍贵。因此，在原始信仰中对火种赋予了家族香火传承、圣洁之物等精神价值。这种信仰文化反馈到物质生活时候形成了蒙古包内的火不能熄灭、不能跨过火、不能朝火里扔脏东西等生活习俗的约束。

在蒙古高原上，游牧生活中蒙古人形成了"万物由天地创造，由日月孕育"的原始崇拜意识。随着太阳的靠近，大地回暖复苏、草木盛开、牲畜肥壮，太阳远去又带来了寒冷和枯萎，第二年又要重复盛开枯萎的轮回。"这不正是太阳的恩泽在孕育着万物的表现嘛"，因此依照太阳的轮转来搭建蒙古包，布置天窗和火撑，蕴含了蒙古包圆锥形屋面和天窗是苍天的象征，正中心的方形火圈是四方大地象征的精神赋予。

信仰中认为，火是一个家庭甚至家族、部落的聚拢神，也是大地母神。游牧民族由于这火神的护佑才能够传宗接代、繁荣茂盛。因此，过年等节庆中，火神是必要拜的神。

在蒙古包衍生过程中的很多变体中，在火堆的后面都有柱子，这个柱子在结构上支撑天窗、增强稳固等作用。[7]后来，在蒙古包中柱子的支撑作用被淡化消失后，将火撑子北侧的方位看作祖先的圣位，因此在蒙古包室内最年长的前辈会坐在最北侧，并且在北侧供桌放白食果品等贡品，来祭拜先祖。随着在藏传佛教在内蒙古地区的盛行，这个位置一般让给喇嘛坐。佛教中认为生死病老、投胎转世的轮回观念逐渐压制了蒙古人原始信仰中祖先魂魄将一直与族人共存的观念。

蒙古人在原始时期，在屋中西北侧供奉主翁库特（神的意思），在东侧是牛乳房翁古特、门西是马乳房翁古特。[8]这也解释了为什么奶制食品等女性常用的用品都在东侧，而酸马奶缸唯独在西南侧。后来佛教盛行，西北侧的主翁古特位置被佛龛等占领了。

蒙古人最早期信奉萨满教，萨满教是多神崇拜。因此，在蒙古包的各个方位都有对应的神所祭拜，后来佛教影响力逐渐压制了这个传统。在

萨满多神崇拜文化的影响中，在蒙古包屋中的各个方位赋予了十二生肖的象征。在蒙古习俗中四面（东西南北）由两个生肖来代表，四角（东北、西北、东南、西南）由单个生肖来代表。东方是虎和兔，东南是龙，南方是蛇和马，西南是羊，西方是猴和鸡，西北是狗，北方是猪和鼠，东北是牛。并且，所对应的方位象征生肖也带有蒙古

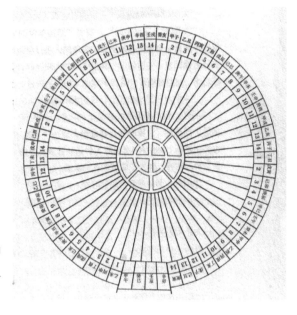

图 2-52　蒙古包甲子纪年图（来源：郭雨桥《细说蒙古包》)

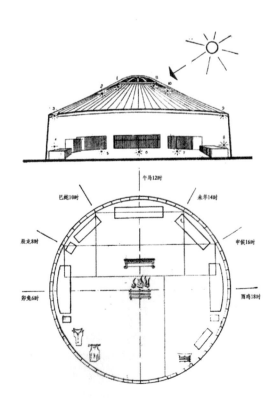

图 2-53　蒙古包是一个太阳钟（来源：达·麦达尔《蒙古包》)

族特有的生活理解（图 2-53）。

蒙古纪年从虎年开始，一天的生活也从虎时（早上五点）开始，兔子是黎明前的黑暗就起来觅食。所以，蒙古包中一天的生活开始的方位用虎和兔来比喻，同时家中最早起来挤奶烧火的是家中的女人，在蒙古包中女人的方位是东侧，因此用虎和兔来象征东方。

在蒙古纪年中蛇月和马月分别是夏季的第一个和第二个月份。因此，用他们来当作南方的翁古特象征着像夏天一样温暖、富饶、繁荣。

在蒙古包中西侧是男人的席位，所以用猴子和鸡代表西侧有像"像猴子一样敏捷、鸡鸟一样子孙繁盛"的寓意在里面。

用猪和老鼠象征北侧是由于在冬季狩猎时野猪是冬季最肥壮的时候，老鼠虽然体态小，但确是过冬的强将，在蒙古纪年中猪和鼠月是冬季的月份。

其他的方位四角：如东南方向的龙，在蒙古纪年中龙月是雨水多的月份；西南向的羊是夏季末月，正是剪羊毛、做毡子、做过冬准备的时节；西北角是狗，狗是狩猎的象征，因此也符合九月训练猎狗，十月打猎的逻辑；东北方是牛，牛乳丰盛、奶食富足，是女人的功劳。东侧又是女人的席位，因此将东方上位用牛来象征。

在蒙古天文纪法中，十二生肖的轮回最早是用在月份的分类中，后来也在纪年和纪时中采用。其中蕴藏了丰富的对动物习性的了解与对蒙古传统生活逻辑的匹配。蒙古包作为最重要的生活场景的发生地，自然也浸入了这样的生肖翁古特理念。

由以上所见，在蒙古包中蕴含了原始的圣火崇拜、祖先崇拜、萨满翁古特信仰、佛教信仰以及纪年、纪时等天文历法和男女分工导致的性别座次、家具摆设等多种的文化内涵。这些也是建筑作为物质和精神生活的容器超越建筑本体的形式构造的形而上学的意义。

第五节 蒙古包之外的传统民居

蒙古包是蒙古族最为主要的，而非唯一的传统民居类型。在蒙古族住居史上，除蒙古包之外也曾有过多种类型的传统民居。论及此观点时需考虑三个问题。一为蒙古包的概念化发展范式及其对住居形态认知的限定性影响。二是传统民居的时间意义，即传统的和本土的民居形态是有区别的。三是地域民居类型的空间意义。内蒙古地域因其特殊的文化特征与历史境遇，拥有了与内陆欧亚草原其他区域完全不同的住居史。因此，在谈论内蒙古传统民居时仅提及蒙古包是不够的。而是要看到以蒙古包为主，以各类乡土住居为辅的多元性民居结构。在此，可将除蒙古包之外的传统民居类型分为帐幕类、格日式住居类、生土住居类三大类型。

一、帐幕类民居

帐幕是蒙古族建筑体系中的一个重要组成部分。帐幕作为一种统称，实际上包含了在种类、形制、来源及功能方面多样的帐篷与窝棚类建筑。这些帐幕各有专称，亦有其地域性、部族性称谓。蒙古族传统帐幕是指由简易木架构支撑，外覆以布匹、毛毡等软质材料，由绳索拉拽而成的移动性建筑。在某种意义上，蒙古包也属于一种结构较为复杂的帐幕。帐幕主要被用于公共节庆场所和特定生产环节。在内蒙古地区，蒙古帐幕可被分为具备独立形制的帐幕与用蒙古包构件搭建的帐幕等两大类。

（一）具备独立形制的帐幕类型

在近代蒙古人的住居理念中，蒙古包与帐幕是分属不同范畴的住居类型。帐幕在游牧社会住居体系中占据着重要地位。对于游牧民而言，帐幕承担了公共建筑、寺院经堂、临时住居等多种功能。并且帐幕与蒙古包的多种组合满足了草原社会多样性的空间需求。在清代及民国时期的蒙古文史料中就有诸如"查查日"、"迈罕"、"达腾"、"瑟"、"苏门格日"、"阿萨日"、"交德格日"等

近 20 种帐幕名称，在民间有关帐幕的形制与名称更是多样而复杂，甚至也出现一些意义冲突。直到 20 世纪 50 年代末为止，在内蒙古的中西部牧区仍在大量使用多种帐幕。其中，体积最小的当属交德格日，最大的为查查日，最常见的则为博合与迈罕。在此，仅谈三种具有代表性意义的住居类帐幕。

1. 交德格日

"交德格日"为藏语，"交德"指僧侣用于诵经的经名，而"格日"为指称住居的蒙古语，在安多藏语中也指称帐幕。确实，这一小型帐幕常由独自旅行化缘的僧侣所用。僧侣们背负折叠好的小尺度帐幕，将其柱当作手杖徒步行走于草原营地间。如有人邀请僧侣为其诵经祈福时便在营地外扎好交德格日安顿下来。僧侣或萨满们以简易住居住宿于牧营地的现象常见于 20 世纪 30 ~ 40 年代的口述史记录。萨满以切金格日或交德格日作为居所居住于蒙古包营地旁。小帐幕与蒙古包此时构成由住居形态标示的神俗界域之象征。

交德格日由梁、柱、撑木、覆盖布、桩等五种构件组成。交德格日也有大小之分，大交德格日可容两三人住宿，但仅有一梁一柱的小交德格日最为多见。其梁木仅有一尺三寸，正中有柱孔，其两侧有串接撑木的小孔。柱子高约 7 尺，上尖插入梁木柱孔内构成主架构。撑木为四个粗约大拇指的柳条棍子，将四根细棍连接为方形架构，并用连接两个并列木棍的皮索穿入梁木小孔构成方形帐顶架构。在此木架外套上整体缝制的覆盖物，再用小木桩固定即可构成交德格日。虽说交德格日最早为行僧之帐幕，但在草原日常生活中被普遍使用。据口述史，在 20 世纪 40 年代时，内蒙古中部戈壁常有猎人使用此类帐幕。在秋末时节，穷苦牧民们携带交德格日与干粮，长期捕猎黄羊。

2. 迈罕

迈罕是使用最为普遍的帐幕。蒙古人在旅行、行军、狩猎、游牧、娱乐实践中常以迈罕作为临

时住居。关于其名称有多种解释，迈罕经常作为所有帐幕类型之统称或合成词而被使用。比起蒙古包，迈罕之族群文化属性并不明显。清代蒙古、藏、满等多个民族的迈罕形制与名称亦大致相同。如满、蒙古语中均称"迈罕"。故迈罕之族群文化属性只能从外罩颜色与图案、构件名称及居住习俗中探知。在迈罕狭小的室内空间中，也有神圣与世俗构件及区位的划分。如柱子是最为神圣的构件，忌讳人们斜靠柱子或用其他东西敲打帐柱，尤其是入门处的柱子。

迈罕有多种类型与尺度。常见的迈罕（图2-54）由单梁双柱构成。其覆盖物，或称迈罕外罩为布料，分单层与双层，有花纹与无花纹，有两块布、三块布与五块布等多种类型。迈罕布罩通常被分为五块，将布匹裁剪后中间夹缝马鬃尾绳构成有棱角的布罩。蒙古地区的迈罕布罩有蓝、白两种基本颜色。平民所用迈罕多用无图纹的白色布罩，而清代王公贵族、活佛高僧所用迈罕多为带有精美图纹的蓝色或白色布罩，冬季使用的厚实毡罩或多来自藏区。

迈罕之梁木长约8～11尺，柱高约8尺，柱头装有铁质套环，将梁木串入双柱套环内便构成支撑帐幕顶的中心木架构。罩在其上的覆盖物经由固定于两侧下摆的木桩之拉拽而被撑起，形成三角形立面。搭建迈罕时将一侧的脊布固定于地上，再将木架构装配好之后拽起便可搭起迈罕。

图 2-54 迈罕

迈罕有装卸迅速、运载轻便，大小接近日常住居空间尺度等诸多优点。当需要掀起迈罕前后两端，扩大门口的休憩空间与遮阳面积时用四根长棍支起两侧口布与尾布，并用绳索套住四根长棍顶端将其拴在地面上的木桩上。相比交德格日，迈罕外罩的装饰意义更加强烈。

3. 扎热陶布

据当前所掌握调查资料看，直到20世纪80年代初，在乌珠穆沁、扎鲁特等地曾使用一种被称为扎热陶布的简易棚屋。扎热意为刺猬，陶布意为临时住居，故可译作"刺猬棚"。扎热陶布形制圆润，屋顶与墙体呈一体，无圆锥形屋顶。其外形如蜷缩成一团的刺猬，串接横竖排接的弧形架木之皮钉酷似刺猬的棘刺，故称扎热陶布。在20世纪50～70年代时民间工匠们依然在编制此类帐幕，并由牧区供销社统一收购和销售。

扎热陶布的木架构原理源自蒙古包的哈那。其常见形制如同倒扣的编织篮子，多为不可折叠。平面为圆形，直径约在3～4米之间。上覆毛毡或布匹，用绳索捆绑固定。设有小门，供人出入。门由毡帘遮盖。室内平均高度约为1.5米，无突出的中央穹顶，室内可供2～3人住宿。扎热陶布的体积小巧轻便，可用木车整体载运。

（二）由蒙古包构件搭建的帐幕

在日常生产实践中，牧民常根据需要灵活组合蒙古包木构件搭建简易住居。此类住居与其他帐幕的不同之处在于，前者的基本构件来自蒙古包，而后者可以用其他木杆、绳索及覆盖物搭建。两者均被广泛运用于各类畜牧业生产环节。以蒙古包构件搭建的简易住居是帐幕类民居中的一种特殊类型。牧民将蒙古包旧件及残留部分加以修补后在其蒙古包旁搭建各式帐幕，用于存放羔羊、食物等。在此，从近十种类型中仅选取三种常用于住居的代表性类型予以介绍。

1. 切金格日

上节已谈到的切金格日是由天窗与乌尼构成圆锥形框架，再覆以包毡的棚屋。切金格日的名称在蒙古各部较为统一，仅有土尔扈特人称其为交勒木（图2-55），而杜尔伯特人称为切金博合。切金格日通常被认为是被省略掉哈那部分，由乌尼末段直接斜立于地面而构成的帐幕。但事实上，多数切金格日是独立于蒙古包的类型，而非仅仅是蒙古包的屋顶部分。切金格日分为两种，一种为具备独立形制的切金格日。另一种是作为蒙古包构成部分，即由蒙古包的乌尼和天窗构成的切金格日。前者是流行于中亚地区的一种季节性或长久性住居，而后者是用于特定游牧生产环节的暂住性住居。内蒙古地区的切金格日属于后者。

具备独立形制的切金格日有下列特征：其乌尼的长度要大于蒙古包的乌尼，而且乌尼下端略呈弯形；天窗直径小于平常蒙古包，构造相对简单；入门处设有一根连接两侧乌尼的门楣横木；毡帘上端固定于此横木。

以蒙古包构件搭建的切金格日在体积方面明显小于具备独立形制的切金格日。故高耸挺拔的中亚式毡包更适于搭建切金格日。其原因为乌尼相对较长，天窗为带有大弧度的十字形天窗。在内蒙古境内唯有额济纳土尔扈特部、阿拉善和硕特部及少部分乌拉特牧民曾在20世纪80年代为止一直在使用具备独立形制的切金格日。而其余地方都使用由蒙古包构件搭建的切金格日。若拆开普通蒙古包，搭建切金格日，只能使用捆接式天窗。可以说，切金格日是内陆欧亚草原西部区的一种典型的民居形态。

在内蒙古中东部牧区，也曾有使用切金格日的传统。但其形制与典型的切金格日多少有一些区别。如在20世纪70年代的苏尼特牧区北部曾使用一种被称为苏波博合的平面呈半圆形的切金格日。其搭建方法为均衡散开捆接式天窗之前半段的乌尼，使其构成半圆形框架，而不打开后半段的乌尼，乌尼由哈那绳捆绑成2～4束，构成后立面。在一些地区，切金格日是供特殊人群使用或用于进行特殊事务的专用住居。在苏尼特牧区，只有萨满巫师才居住在此类窝棚，并行降神仪式[9]。由此看，切金格日并非是内蒙古中东部地区的常用住居类型，而是由外来者携带的特殊住居类型。

2.哈那棚

斜靠两片张开的哈那构成的人字形尖顶帐篷为哈那棚。它有哈那莫日古勒格、哈布恰海、哈那博合等多种地域性名称。在内蒙古中部牧区多称博合。在短途游牧、旅行、打草等生产环节牧民常用此类住居。在干旱季节，牧民仅携带两片哈那及一块围毡即可解决临时住宿问题。哈那棚仅供1～2人临时居住，一般不设门。

杜尔伯特、苏尼特部的博合有两种基本形制：其一种为用四片张开的哈那分别作为三面墙体与一片屋顶的大哈那棚（图2-5），其中可住3～4人；另一种为斜靠两片张开的哈那，上覆围毡，并用哈那捆绳固定的常见形制，常被称为小哈那棚（图2-6）。哈那棚仅是一种临时住居，其炉灶设在室外，小件器具挂于室内墙壁。

对于干旱地区的牧民而言，哈那棚是一种不容忽视的重要住居类型或使用率较高的辅助型住居。在逐水草而迁移的小尺度转场环节，灵活轻便的哈那棚是最为理想的住居。故近年亦有牧民以铁质羊圈栅栏替代哈那，在人字形三角框架下另增设两片栅栏构成较宽敞的博合（图2-56）用于短途游牧。

3.敖如查

敖如查指仅由哈那与乌尼搭建，未设天窗的尖

图2-55 额济纳土尔扈特人的交勒木（来源：达来摄）

顶毡包。此类住居并不多见，但作为用蒙古包构件搭建的帐篷之一种独立形制，有必要提到。土尔扈特人称此类住居为西提木格日。牧民利用破旧的蒙古包构件，稍加修补后支搭西提木格日。一顶西提木格日需用三片哈那及数十根乌尼。因无天窗，乌尼顶端由绳索捆绑成交错状。烟囱由东南区位的两个乌尼间穿出屋顶。西提木格日通常被用作储存货物、加工奶食的辅助性住居而搭建于主蒙古包旁。

除上述三种类型外，用蒙古包构件搭建的帐幕亦有哈那独贵、苏金博合等多种类型。如由2～3片哈那围起圆圈，其上横搭几根乌尼或平放两片哈那，再覆以毛毡的帐幕被称为哈那独贵，

图 2-56　用铁质栅栏搭建的博合

图 2-57 额济纳土尔扈特人的切金格日（来源：达来摄）

即哈那圆。有趣的是，土尔扈特人称此平顶哈那圆为切金格日（图 2-57），而其余蒙古部族几乎都称哈那独贵。此类平顶帐篷空间较大，但高度不适于人居住，故主要用于春季圈放小羊羔。由蒙古包构件搭建的简易帐幕满足了牧民的多样性生产需求。在干旱季节或繁忙生产环节，家庭成员需分工完成各项生产事项，故有时需要分头赶畜群转场或抓膘，此时人们以简易帐幕为临时住居。

二、格日式住居

格日式住居，即指蒙古包式住居，故也可简称包式住居，其所指"包"为蒙古包之简称。蒙古人称蒙古包为格日。"格日式住居"这一名称源自其形态原型——蒙古包。出现于近现代蒙古族住居史上的一种特殊的民居类型为格日式住居。格日式住居指外形似蒙古包，平面呈圆形，带有穹顶，墙体由沙柳编制或由土坯砌筑的不可拆卸和移动的乡土住居。有关平面呈圆形的小土房之原型或来源，应有多种说法。但传入蒙古地区的圆土房常被蒙古人称为格日式住居。可以说，格日式住居是内蒙古地区较有特色的传统民居类型。其形制多样，名称繁多。在此，可以依据其墙体作法分为柳编包与格日式土房两种类型。

（一）柳编包

用沙柳编制篮筐等日用器具、幼畜棚或牛羊圈等生产设施、供人居住的简易住居的传统手工艺在内蒙古牧区有着悠久的历史。柳编包指形似蒙古包，围壁与屋顶由细柳枝编制而成，平面多呈圆形的简易住居。在鄂尔多斯、察哈尔、翁牛特、巴林等地区均有使用沙柳编制柳编包及篱笆墙的传统。但其称谓与形制有所不同。如鄂尔多斯人称"夏兰格日"、察哈尔人称"布霍"或"崩阔"、巴林人称"本布根格日"、扎赉特人称"瑟勒吉炎格日"，而一些汉族居民称其为"崩崩房"。这些称谓均源自柳编包的形态与编制手法。在平面形态上，柳编包有圆形、正方形、椭圆形等多种类型。柳编包在构造方法上主要有整体编织式

（图 2-58）和加盖式（图 2-59）两种。整体编织的柳编包体积大，屋顶呈圆锥状，形似蒙古包，但较为少见。其具体做法为先削尖细柳枝的一端，以两枝为一组，每隔两拃插入地面（深约一拃）一组，形成一个围合的圆圈。把柳枝全部插好之后依据需要用刀割断部分柳枝，留出门窗。再从底部由下而上横向编织围墙，逐层编到屋顶。若事先插入地面的柳枝不够长，可以捆接新柳枝，以增长其长度。待编到屋顶后可以留圆孔作为天窗，也可以直接将顶部柳枝束捆起，不留天窗。整体编织的柳编包最主要的特点是其不可移动性。故倒场时只能将其留在旧营地，待来年夏季继续使用。

　　加盖式柳编包是察哈尔地区最为古老的柳编包形制。其具体做法为先编织一个圆形柳笆墙和一个柳编屋顶，再把屋顶扣放在围合的墙体上，并用细柳枝或驼毛绳加以固定后构成一个完整的柳编包。加盖式柳编包的屋顶平缓，体积小巧，故在需要时可以整体移动或揭开顶盖予以修补。直到 20 世纪 50 年代，浑善达克沙地的不少穷苦牧民以加盖式柳编包作为日常住居。20 世纪 80 年代后柳编包主要被用于在寒冷季节圈放小牛犊或羊羔的棚圈设施。在察哈尔地区，人们称圈放小牲畜的柳编棚舍为"本布格"，即圆球，而巴林人称格日式住居为"本布根格日"，即球形房。

　　因其坚固的墙体和屋顶，柳编包可设天窗和壁窗。一般柳编包均设有 1～2 个壁窗。柳编包墙面做法有两种。常见的做法为用湿牛粪或稀泥涂抹，还有一种方法为加盖蒙古包的包毡。使用后一种方法时，其形态与小尺度蒙古包十分相近，从远处观望时无法分辨两者。

（二）格日式土房

　　格日式土房（图 2-60），即蒙古包式土房或简称包式土房是 19 世纪末 20 世纪中叶在内蒙古东部区域，即昭乌达盟、卓素图盟、哲里木盟所属各旗广泛使用的一种民居类型。常见于清代史料中的"蒙古土室"、"蒙古式茅屋"等名称或为指称格日式土房的用语。在喀喇沁、敖汉、土默

图 2-58 整体编织的布霍房

图 2-59 已改作幼畜棚的加盖式布霍房

图 2-60 格日式土房

特等地一般称为布日格、额布森格日等。格日式土房的墙体由土坯砌筑而成，屋顶覆有厚厚的草，故蒙古人称为额布森格日，即草房。其烟囱一般立在地面，从而与满族、达斡尔族传统住居具有相似的形制特点。

格日式土房具有多种类型，在某种意义上，格日式土房只是此类土房中的一种子类型或代表类型。从平面而言，格日式土房有圆形和正方形两种类型。从外观形制而言，有单一式、双连式两种类型。其双连式类型有一种固定程式，即两个圆形（或正方形）住居由中间过道相连。呈单一式时也有加建一间外屋的现象（图2-61）。

有关格日式土房的形制特点与起源问题，一些旅行家曾提出颇有启发意义的论述。其视点多聚焦于格日式土房的独特外观形态上，并认为它是一种从毡包过渡至矩形土房的中间形态。清光绪二十年（1894年）出行内蒙古的俄国人波兹德涅耶夫之观点颇值得参考。他认为，巴林右翼旗的人从毡包过渡至汉式土房时共经历了三个阶段。在其第二阶段，即过渡阶段出现了格日式住居或土房[10]。在20世纪上半叶，考察蒙古地区住居文化的德国、日本学者也多持有相似观点。我们尚无法确定格日式土房的起源时间、地点与主要营造者群体，但无法否认农耕化对此类住居形态的促进作用。随着主导型生计模式的转变，蒙

古包赖以存续的毛毡、绳索等畜产品材料开始告急，与此同时，高粱秸秆等农产品材料逐步增多。除材料基础之外，在定居化、聚居化需求下住居形态也开始出现了变化，固定住居由此出现。

直到20世纪90年代初，在内蒙古各地仍有一定数量的格日式住居在被使用。其数量虽少，但普及面很广。笔者曾在阿拉善盟额济纳旗至呼伦贝尔市新巴尔虎左旗的广阔区域内都曾看到格日式土房，其修建者多为由东部地区迁来的蒙古人。

三、生土住居

本章所称生土住居主要是指近现代以来随着汉族移民的迁入而被广泛传播，从而被部分蒙古族工匠所习得，并予以实践并使用的民居形态。经本土化、地域化、民族化营造实践而形成的蒙古族生土住居具有体积小巧、形制自由、风格多样等特点。蒙古族民众营造并使用生土住居的历史在科尔沁、喀喇沁等地已有百余年或更长时间。在鄂尔多斯、察哈尔等地区亦有上百年历史。若要提及蒙古人习于营建藏式土房，即寺院僧舍的技艺，其历史则更为久远。故完全可以将生土住居视为蒙古族传统民居的一个特殊类型。在此，对内蒙古地区生土住居的传播历史与基本类型做简要论述的基础上，从内蒙古东、西部各选一种代表性生土住居类型予以介绍。

（一）生土住居的传播与基本类型

有关生土住居在蒙古高原的传播可追溯至很久远的历史时期。"毡庐土室"并存的历史情景曾被游历于元代上都等城郭聚落的文人墨客所记载。但有关其营造者与居住者，尚无确定的记载。16世纪以来随着蒙、汉文史料的增多，我们可以对内蒙古地区的生土住居渊源与类型做大致的梳理。在此，可以依据营造与居住者群体类型，将16～20世纪中叶的内蒙古地区生土住居分为两大类。其一为由汉族移民移植于蒙古地区的生土住居。其二为随着藏传佛教的传播而出现于寺院聚落中的藏式生土住居。在前一种类型中，16世

图2-61　加建外屋的格日式土房

纪以来迁入呼和浩特土默特地区与西辽河流域的汉族移民所建"板升"为典型的早期类型。随着后期的走西口、闯关东等移民潮流，内蒙古周边各地区的生土住居类型被逐步移植至蒙古地区，构成多样化的生土住居结构。后一种类型，即藏式生土住居主要指作为喇嘛群体日常住居的寺院僧舍（图2-62）。其建造者为汉、藏工匠与蒙古族喇嘛。长年的寺院稳居生活使不少喇嘛习于营建藏式僧舍的技艺。故在20世纪40～50年代，当部分僧侣离开寺院，还俗放牧后开始在牧区修建小尺度的藏式土房，成为散落于草原上的生土住居之开端。但作为民居而散建于草原上的藏式土房十分稀少，至20世纪60年代时，多被废弃或拆除。

　　历经数百年的营造实践，生土住居逐步成为内蒙古地区的一种重要传统民居形态。在东部地区，科尔沁、喀喇沁、敖汉等在清朝中叶已转入农业经济的蒙古部族已普遍掌握了生土住居的建造技艺。到清末至民国初期，生土住居已替代蒙古包等各类传统住居成为东部地区主要民居类型。至民国末期，以鄂尔多斯、察哈尔部为主的内蒙古中西部地区牧民率先习得生土住居的营造技艺。在察哈尔右翼诸旗及鄂尔多斯各旗南部，生土住居及柳编包已成为替代蒙古包而出现的主要住居形态。而至20世纪60年代，随着人民公社化运动的开展，迁入牧区的汉族移民将其生土住居技艺传播至草原深处。乌拉特、达尔罕、杜尔伯特、苏尼特、阿巴嘎等部的少数民间工匠习得生土住居的营造技艺，使其成为20世纪60～90年代的主要固定民居类型。从而构成蒙古包与土房并存的住居景观。

　　将生土住居列为蒙古族传统民居范畴的主要考虑并非仅在于蒙古族民众对营造技艺的习得或营造实践的参与，同时也在于蒙古族民众所创建的生土住居之地域性、民族性、部族性文化特征。内蒙古牧区的生土住居在形制、材料与景观方面，已完全不同于其发源地的原初属性（图2-63）。而这恰恰是将生土住居视为蒙古族传统民居的主

要依据。

（二）车轱辘房

　　车轱辘房，又称车轱辘圆或秫秸垛，是内蒙古东部地区蒙古、汉、满等民族曾普遍使用的住居类型。车轱辘之名源自此类民居特有的屋顶形制——半圆形屋顶。车轱辘房的圆屋顶与两面坡屋顶为内蒙古东部地区两种最为主要的屋顶形式。车轱辘房的圆弧形屋顶能够有效减少风力，故而完好地适应了北方草原风沙大的自然气候。车轱辘房的营造技艺由较早从事农耕业的科尔沁、喀喇沁、阿鲁科尔沁、敖汉、东土默特等蒙古部族所熟练掌握。现存少量车轱辘房主要分布于通辽市奈曼旗、赤峰市阿鲁科尔沁旗、敖汉旗、

图 2-62　寺院藏式僧舍

图 2-63　草原上的生土住居

巴林左旗等旗县的农区和半农半牧区。

除屋顶独特的风格外，车轱辘房亦有下列特征。其墙体为干打垒土墙，墙体有明显收分。屋顶主要覆盖物为高粱秸秆，房间通常为三间。

巴林左旗车轱辘房（图2-64、图2-65）的建造过程由挖地基、夯土墙、砌土坯、架梁木、架檩子、铺高粱、抹大泥等基本步骤构成。地基视土质松软程度而定，深度一般为1米左右。挖开地基后填埋生土，用石碾子夯实，再筑墙。夯土用木板的长度通常在4米左右，故竖向排列的山墙只夹一次即可筑成。在筑好的墙顶上用少量土坯砖垒出弧形圆顶，在圆顶正中留出圆孔，将梁木架好后两侧各放若干檩子。用芨芨草捆好高粱秸秆后，铺设在檩子上。一间房需30捆高粱

秸秆，3间房共需90余捆。屋顶铺设后抹泥，完成整个房屋的建造工程。

敖汉旗南部蒙古族农民在20世纪50～60年代，依然在修建车轱辘房（图2-66）。其做法与巴林旗的大致相同，但使用汉语名称——秫秸垛而不称车轱辘房。据修建者称，蒙古族农民自建的秫秸垛（即车轱辘房），相比同村的汉族居民的住房，有一个明显的特点就是房顶明显厚实（图2-67）。人们用成捆的高粱秸秆铺设屋顶，在其上加盖厚厚的土层。此土的加工方法为，选取使用一年以上的炕板土坯，将其打碎后浸泡在水里，再取出来抹房顶。与一般土所不同的是用炕板加工的土更具耐久性和坚固性。不易流失，黏性良好。在敖汉旗南部蒙古族农民聚居的村落

图2-64　巴林左旗南部的车轱辘房

图2-65　巴林左旗南部车轱辘房的屋顶

图2-66　修建于1951年的敖汉旗南部秫秸垛房

图2-67　秫秸垛房厚实的屋顶

里，秫秸垛是其从格日式土房过渡至开间式住居的第一种住居类型。大约在20世纪40～50年代，人们拆除小尺度的格日式土房，转而修建秫秸垛，完成了普遍的住居更新。至20世纪90年代，砖瓦房已开始取代秫秸垛，一些被保留下来的秫秸垛房被人们用红砖包砌山墙或整个墙体，使其更加坚固美观（图2-68、图2-69）。

车轱辘房是在特定历史条件下形成的一种住居类型。车轱辘房的营造技艺随着闯关东的移民潮流传入内蒙古东部地区，并迅速被原住民所接受。圆弧形的屋顶被蒙古人解释为车轮的半圆，在某种程度上符合了他们的文化心理。车轱辘房以其简易的工艺、抗风的效能以及特殊的屋顶造型曾一度享誉于整个东北地区。

车轱辘房的室内格局多呈"一进两开"或称"一明两暗"的三间房形制。其西间为上屋，一般筑有占整个开间的大前炕。炕上沿墙角放置一对板箱，内放衣物，上置叠放整齐的被褥。炕中间置一面正方形小茶桌，用于进餐、待客。橱柜与佛龛置于后墙中央。中间为过厅或厨房，西墙有灶台。东间一般不住人，常设有半炕，平时存放货物。住房正门与西间门正上方挂有风马旗或藏传佛教经印（图2-70）。

鄂尔多斯地区的一种传统住居——"板拉格"（图2-71）的屋顶形态与车轱辘房半圆形屋顶颇为相似。但屋顶做法完全不同。前者用多个弯曲成捆的柳条作为屋顶主构架。一些低矮的住居墙体和屋顶均由成捆的柳条压弯而成。

图2-68　用红砖包砌山墙的敖汉旗北部车轱辘房

图2-69　敖汉旗北部车轱辘房墙体细部

图2-70　车轱辘房室内

图2-71　门前立有苏鲁锭的板拉格

（三）圆土房

圆土房是 20 世纪 60~80 年代末流行于内蒙古西部巴彦淖尔市东部牧区、包头市达尔罕茂明安联合旗、乌兰察布市四子王旗中北部牧区的住居形态。其平面呈正方形，房顶呈穹顶状，墙体由土坯砌筑，屋顶回收部分由梯形土坯砌筑，上架短小木材作为椽檩。此类住居有单个式（图 2-72 ~ 图 2-75）、双连式（图 2-76 ~ 图 2-79）、三连式三种基本形态。当连接相同的 2~3 个圆土房时可相互打通设门，构成开间式室内空间。

需要说明的是，圆土房与上文所讲格日式土房是完全不同的两种住居类型。首先，两者所出现的时间、地点具有明显区别。前者是出现于 20 世纪 60 年代的内蒙古中西部干旱牧区的地域性住居类型，其分布区域并不大。而后者是在 19 世纪中叶或更早时期出现于内蒙古东部地区，后传播至内蒙古各地的被广泛传播的住居类型。其次，在形制方面，前者平面呈正方形，且可以连体修建。而后者平面多呈圆形，通常为单体。后者在呈连接状态时仅接有平面呈方形的门洞。再次，在屋顶结构方面，前者屋顶是用梯形土坯逐层围拢，并构成小尺度天井之后，再使用木材和柳笆加以封顶（图 2-80、图 2-81）。圆土房一般无屋檐。而后者多用高粱秸秆或柳笆做屋顶，设有屋檐，屋顶通常由立在室中心的柱子承重。

圆土房完好地适应了木材稀少、降雨量低的

图 2-72 圆土房正立面

图 2-73 圆土房侧立面

图 2-74 圆土房左立面

图 2-75 圆土房背立面

图 2-76 双连式圆土房 1

图 2-77 双连式圆土房 2

图 2-78 双连式圆土房 3

图 2-79 准备启程的冬季敖特尔

图 2-80 圆土房的屋顶

图 2-81 圆土房的屋顶木架构

草原牧区，并符合了牧民偏向于体积小、形制圆润的住居形态的审美需求。其墙体由土坯砌筑而成，顶部使用梯形土坯。其屋顶视木材尺寸可适度缩小或扩大。

直到 20 世纪 80 年代，圆土房是上述区域土房中传播最为广泛的一种类型。20 世纪 80 年代实施草畜承包政策后，多数牧户在其夏营地修建了单间圆土房。不少牧民习得圆土房的营造与日常维护技艺，并发明了在泥土中掺杂干马粪、山羊毛等本土方法。其小巧的室内尺度也适应于刚从蒙古包迁至固定住居的牧民之日常起居行为模式。

圆土房的营造技艺随着走西口、走草地的移民潮流传入内蒙古中西部地区，逐步被原住民所接受，并成为牧区定居化过程中的第一种被普遍接受的固定民居类型。

除圆土房外，牧民也习得了营造单间小尺度生土住居的技艺。在牧区曾普遍流行带有前出水或后出水屋顶的土房，也有将上述两种土房合为一体的罕见类型（图 2-82）。在内蒙古中北部牧区出现的小尺度后出水土房是结合汉、藏、蒙等多民族建筑元素的一种特殊的住居类型。在日常起居模式及由此形成的住居生活景观方面，牧区生土住居具备了独特的草原风格。如牧民将蒙古包的构件使用于土房（图 2-83）或将日常使用器具悬挂于土房外墙和屋檐下（图 2-84），构成独具特色的住居景观。

生土住居是内蒙古地区蒙古族农牧民普遍习得其营造与日常维护技艺的代表性固定建筑。至 20 世纪 90 年代末，内蒙古牧区的住居类型逐步过渡至砖瓦房。住居的营造技艺也从民间转移至专业工匠之手。

图 2-82　由两间前出水和后出水顶房屋相接的土房

图 2-83　安装于土房上的蒙古包木门

图 2-84　悬挂于屋檐下的瘤胃与皮鞭

注释:

1 郭雨桥.细说蒙古包[M].北京：东方出版社，2010.

2 阿拉腾敖德.蒙古族建筑的谱系学与类型学研究[D].清华大学，2013.

3 佚名.蒙古秘史[M].北京：新华出版社，2011.

4 额尔德木图.蒙古族图典.住居卷[M].沈阳:辽宁民族出版社，2017:197.

5 额尔德木图.蒙古族图典.住居卷[M].沈阳:辽宁民族出版社，2017:239.

6 额尔德木图.蒙古族图典.住居卷[M].沈阳:辽宁民族出版社，2017:124.

7 宝·福日来.蒙古族物质文化[M].呼和浩特:内蒙古人民出版社，2012.

8 宝·福日来.蒙古族物质文化[M].呼和浩特:内蒙古人民出版社，2012.

9 达·查干编著.苏尼特风俗.蒙古文[M].呼和浩特:内蒙古人民出版社，2012:2.

10 （俄）波兹德涅耶夫.蒙古及蒙古人.第二卷[M].呼和浩特:内蒙古人民出版社，1989:428.

第三章　汉族及汉族式民居

清朝至民国时期，大规模汉族居民分区域移入，使内蒙古形成以大兴安岭－阴山－贺兰山为界限的农业－农牧业交错－牧业的分布格局，蒙古族逐渐走向定居，蒙汉插花式杂居的分布使内蒙古地区形成类型丰富的汉族或汉族式民居。内蒙古汉族及汉族式民居与移民范围具有直接关联，并因此形成差异明显的形制特征，基于汉地移民路线的分布以及地理区位，可将内蒙古该部分民居分为东、中、西三部分。以行政区划作为边界，内蒙古东部地区包括呼伦贝尔市、兴安盟、通辽市、赤峰市和锡林郭勒盟；中部包括乌兰察布、呼和浩特、包头、巴彦淖尔、鄂尔多斯；西部包括阿拉善盟。内蒙古汉族及汉族式民居将从以上三个区域进行叙述。

第一节　内蒙古东部地区

一、东部地区概况

一般认为内蒙古东部地区包含五个盟市，呼伦贝尔市、兴安盟、通辽市、赤峰市和锡林郭勒盟（图 3-1），简称"蒙东"地区，总面积 66.49 万平方公里，占全区总土地面积的 56.2%。[1]

内蒙古东部因大兴安岭横贯其中，汉族及汉族式民居在大兴安岭东西两侧具有明显分野，东侧因紧邻汉地，平面形制在各地具有很高的一致性，而外观因建造方式及气候特征的变化呈现一定差异；西侧因远离汉地的影响，平面突破了一进两开的格局，呈现出相对自由的特点。因此，本节民居的介绍，从大兴安岭的东部和西部两部分展开。

（一）自然地理环境

内蒙古自治区东部地区东南与黑龙江省、吉林省、辽宁省和河北省毗邻，北与俄罗斯、蒙古国接壤，有较长的国境线，有通向我国其他地区和俄、蒙的口岸以及比较畅通的交通条件，形成一个相对独立的自然区。[2]

自然气候方面，该区域地属寒温带和中温带大陆性季风气候，半干旱季风气候。春季干旱多

a 内蒙古东部地区位置图（底图来源：内蒙古自治区自然资源厅官网 标准地图 审图号：蒙 S（2017）026 号）

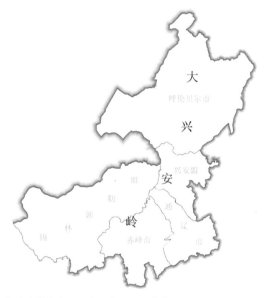

b 大兴安岭分布图（底图来源：内蒙古自治区自然资源厅官网 标准地图 审图号：蒙 S（2017）026 号）

图 3-1 内蒙古东部地区位置图及大兴安岭分布图

风，夏季短促温热，秋季霜冻早，冬季寒冷漫长。[3]区域海拔高度为 88 ~ 2044 米，平均海拔为 800 米。大兴安岭斜贯东北－西南方向，形成巨大的天然屏障，阻挡冬季干冷季风南下和夏季季风北向推进，使得大兴安岭的东西两侧温度形成很大差异。岭西一月的平均气温在 -16℃以下，岭东的平均气温在 -13℃左右，在冬季一月的最高气温差可以达到 9℃左右。由于地理分界的影响，岭东、岭西的降水分布也存在差异，迎风坡降水量大于背风坡降水量，山体两侧年降水量相差 100 ~ 250 毫米。岭东夏季受海洋气流影响显著，月平均相对湿度最大值出现在 7 月、8 月；岭西受冷空气影响较大，相对湿度的最大值出现在 1 月、2 月。

地形地势方面，该区域地处生态交错区，地

形复杂，土地利用类型多样。大兴安岭山脉自区域东北方向一直向西南方向延伸，贯穿整个区域，并将区域分隔成了两部分。在大兴安岭山脉附近主要分布着林地，尤其是区域北部。林地主要类型有寒温带针叶林、温带针叶阔叶混交林以及暖温带落叶阔叶林，林地总面积为15.5万平方公里，为区域总面积的23.7%；在大兴安岭西边主要分布的是草地，以呼伦贝尔和锡林郭勒两大草原为主，草地总面积为35.9万平方公里，占整个区域总面积的54.9%，草地类型主要受年降水量影响，形成疏林草甸、草甸草原和典型草原；而东边则以耕地和城镇用地为主，分别为区域总面积的11.6%和0.7%。另外，浑善达克沙地和科尔沁沙地分别位于在蒙东地区的西南部和东南部，是该地区的两大沙地。

（二）文化历史背景

在当代通常谈到的"内蒙古东部地区"，是实施国家振兴东北老工业基地战略、东北三省与内蒙古东部五盟市实行地区间合作的产物。2007年8月，内蒙古呼伦贝尔市、兴安盟、通辽市、赤峰市和锡林郭勒盟被正式纳入国务院《东北地区振兴规划》的实施范围，常简称为"蒙东"。[4]

内蒙古东部地区自古就有东胡、契丹、女真、鲜卑、室韦、蒙古等古老民族繁衍生息，留下了元上都、金界壕、辽中京、辽上京、春州古城等历史遗迹。拥有红山文化、蒙元文化、契丹辽文化、草原青铜文化等历史文化，共同构成与黄河文明和长江文明齐名的辽河文明。蒙古族的乌珠穆沁、阿巴嘎、苏尼特、巴林、察哈尔等部落仍生活在蒙东草原上，形成独特的马背文化和草原文明，以及鄂温克族、鄂伦春族、达斡尔族、俄罗斯族等独特少数民族文化渊源。[5]

当代生活状态下，大兴安岭是一条农牧分界线，蒙东地区整体人口密度相对较低。其中大兴安岭以西呼伦贝尔市西部和锡林郭勒盟主要为牧区，为从事牧业养殖的牧民居住区域，人口居住分散，大兴安岭以东主要为农村，产业以种植业兼畜牧业为主，人口相对集中。[6]

蒙东地区居住者除汉族外主要为蒙古族、鄂温克族、达斡尔族等少数民族，其中蒙古族占绝大部分，信仰藏传佛教。尤其是草原牧民，宗教信仰较为浓厚，他们有着自己的价值观念，例如洁净观、自然观、宇宙观，它们影响着人们的文化观念和生活方式。蒙东地区的牧区和农村不仅聚落分布形态差异较大，且居住建筑布局形态也有差异，这与自然气候环境及文化习惯息息相关。[7]而汉族居住者，则在与少数民族融合的过程中，一方面影响了少数民族的生活方式，如蒙古人开始从事农耕，逐渐住进了固定式的住房中，并在住房周围围以围墙；另一方面其生产生活方式及文化传统也受到相应少数民族文化的影响，[8]如农业和畜牧业同时兼顾，饮食习惯中夹杂蒙古人的偏好，在居住的形态上，由于受到汉地规制控制的逐渐减弱以及气候、材料获取的差异性，表现出粗放、简单并逐渐自由的趋势。

内蒙古东部汉族式民居按照平面类型大致可以分为：大兴安岭以东地区和大兴安岭以西地区民居。

二、大兴安岭以东地区

大兴安岭是内蒙古东部地区气候及产业结构的分界线，大兴安岭以东地区为农业和农牧业交错区，包括赤峰市、通辽市、兴安盟大部分地区，它与河北及东北地区毗邻。自清代以来，不断有来自山东、河北的中原民众移入，早期的汉族式民居多受汉地民居影响，在平面形态上各地具有相似特征，但在外部形制上具有一定的地区差异。

（一）平面形态和内部空间

大兴安岭以东地区汉族式民居早期都为生土建造，平面形态多呈一字形。每家具有清晰的院落围合，但内部规制相对自由，按需而布。主体住房顺应周围道路坐北朝南或向东、西倾斜，平面为一进两开的格局　，即入口位于建筑南侧中轴线位置，主要作为厨房和门厅空间，包含火灶、洗漱区以及临时休息家具设施；左右两开间为卧室、起居空间，设火炕或床具，火炕前设火炉及烟囱。左右两侧空间在南侧开大窗，东西北侧不开窗或开小窗，有利于获得较好采光的同时减少热量的散失。东西两侧的房间在功能上常常略有分化，常见的情况是一侧设火炕，作为主要的生活空间与休息空间，日常的人际交往也常在该区域进行；另一侧设床具，作为休息区域并承担杂物堆放的功能；也有的人家会东西房间均设置火炕。（图 3-2）

随着住居的发展，建筑面积的扩大，其建筑内部平面布局产生了空间上的细节分化，变得相

a　民居室内门厅 1

b　民居室内门厅 2

c　民居东侧房间室内 1

d　民居东侧房间室内 2

e　赤峰经棚上于营子村民居平面图

a　兴安盟白音村民居平面图

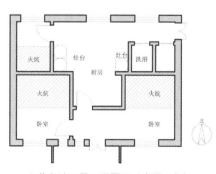

b 蒙东地区民居平面图（来源：《地域视角下的蒙东农村牧区居住建筑类型研究》）

图 3-2　赤峰经棚上于营子村民居

图 3-3　蒙东民居平面图的发展

对复杂。如图3-3中，其布局对于基本形态保持了一定的延续性，总体形态呈矩形，坐北朝南，入口位于中轴对称位置，有的附设了门斗。东西侧房间延南北向分化成为多个房间，使得一些功能获得了专属的空间，同时，获得了更多的卧室，便于多口之家居住。由于进深的加长，中厅成为廊式空间串联各个房间，有的东北侧开了次入口，与之相连。就功能布局层面总体而言，房屋在进深上加长后，产生了南北侧之分。北侧主要作为辅助性的服务空间，南向作为生活空间。这样在寒冷的冬季，北侧空间可以用来抵挡强烈的西北风，给予南侧的生活空间更为温暖宜人的室内气候环境。

（二）外部形制与建造特征

大兴安岭东部早期的传统民居中，赤峰、通辽地区自20世纪50年代起，建造了大量生土墙草屋顶居住房屋，其屋顶为双坡屋顶，具有一定的倾斜坡度，南向为独立的窗洞，这种建筑利用板打墙的方式建造，形成厚重的土墙，墙厚约为500～600毫米以抵御寒冷（图3-4）。其建造方法为：通过两块厚约10厘米，长约2米，宽约50厘米的木板，依照墙基的宽度，卧立在上方填土夯实。板墙需留出门窗洞口，洞口上压"过木"（木材过梁），屋顶立柁上梁（架设木质三角屋架）。建好主体结构后，将山杨木或细桦木密密钉于檩条之上，或用柳条编成笆片钉于椽木之上，称为笆条，最后在笆条上铺满黄土泥，称为上笆泥。房子盖好后，需要放置干燥一段时间，之后可以进行装修。装修从屋顶开始，屋顶上完笆泥，用黄土泥再抹一遍。待干后，使用莜麦秸秆苫房。室内用土坯与黄土泥垒砌灶台与

a 草苦房南向外观

b 侧立面

c 草苦房外观（来源：《克什克腾民俗文化》）

d 草苦房屋顶结构

图3-4 赤峰通辽草苦房

土炕，炕面上可铺苇子席，称为炕席。

在兴安盟的广大农村，存在着大量的车轴辘檐房，其房屋屋顶为弧形的拱顶，南向开独立的大窗，北侧不开窗或开小窗。房屋墙体为承重结构，墙体有夯筑的，也有用土坯砌筑而成，之后在墙体上搭5～7根檩条，在之上垂直于檩铺设红柳枝作为椽子，椽子在相互搭接中形成房屋进深与拱顶高度约五分之一的拱形，之后在椽条上铺编

织的苇席，最后上泥抹平。通常这样的房屋墀头和屋顶周边女儿墙会用砖砌筑，为了墙体的耐久和坚固，后期的住房也会在生土墙外侧包砖。（图3-5）

三、大兴安岭以西地区
（一）平面形态

在大兴安岭以西陈巴尔虎旗地区，处于呼伦贝尔草原的核心区域，中原汉民族的住居文化影

a　民居外观1

b　屋顶构造1

c　民居外观2

d　屋顶构造2

e　生土墙体

f　北侧开窗

图3-5　兴安盟科尔沁右翼中旗民居车轴辘房

响渐弱，汉式民居中典型的一进两开，南向入口的布局在这里被打破，由于处于严寒地区，因此针对严寒气候的适应性应答成了主要的影响因素。

该区域民居建筑形体多呈"吕"字形，坐北朝南，整体房间布局没有明显的对称轴线或中心，墙体分隔增多，功能分化更为明显，房间之间均设门，整体空间深度更深，利于减少热量散失。

最为明显的差异在于建筑入口的位置所在，在寒冷的气候下，建筑入口移向了北侧，从而为南向开间留出了更多采光得热的空间。卧室空间多位于南侧，且空间深度较深，获得了较为温暖舒适的室内气候环境。（图 3-6）

在平面空间有条件扩展的情况下，房屋不会以某个几何形式的参考线为标准，而是仍然遵循着应对严寒气候的某种布局逻辑：着力保持形体

a　南侧立面

b　入口门厅

c　东侧立面

d　室内格局

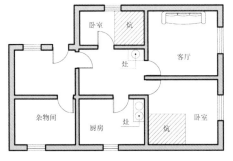

e　建筑平面图

f　厨房

图 3-6　陈巴尔虎旗张耀衡家

的紧凑规整，房屋从北侧进入，呈现类似套间的布局形式，房屋的深度由北向南逐渐加深。最南侧多布置卧室，空间深度越深，获得采光越多，热量耗散较少。

　　例如，陈巴尔虎旗孔宅（图3-7）。该民宅

因为经过加建，呈现出两个时间阶段的特征。加建之前为大兴安岭西侧民居的典型布局，建筑于东北侧布置入口，北侧为杂物间，南侧为卧室。而后期，房屋于东北侧进行了加建，设置了一个较大的客厅作为入口空间，入口保持在北侧。加

a 民居外观

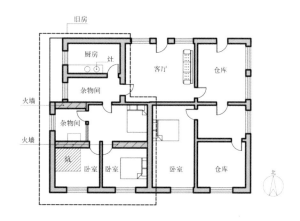

b 建筑平面图

c 民居室内部分

d 室内扩建部分

e 室内厨房

f 室内火墙

图3-7　陈巴尔虎旗孔宅

建的空间除客厅外有两间仓库，一间卧室，卧室空间在加建部分的最深处，并获得南向采光。加建之前的旧房，由于加建增添了客厅房间作为入口，使得整体空间变得更深，有利于更好地保存热量。

而在大兴安岭莫尔道嘎地区的汉族民居，平面布局仍然保持南侧入口的格局，多为两开间，入口空间作为厨房，起居及卧室空间在里侧。随着功能需求的增加，会在开间方向加建额外的空间，或另辟房门，或与原有空间连通。（图3-8、图3-9）

在大兴安岭西侧，由于气候相对东侧更加寒冷，因此室内的取暖设施除了北方地区常见的

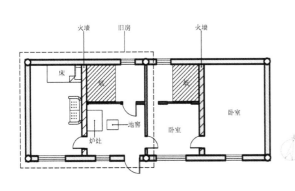

a 建筑平面图

b 加建部分

c 民居南向外观

d 西侧房屋室内 1

e 门厅炉灶及火墙

f 西侧房屋室内 2

图 3-8　莫尔道嘎王军年家

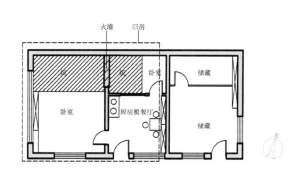

a　建筑平面图

b　民居外观

c　门厅中炉灶及火墙

d　门厅中的餐厅空间

图 3-9　莫尔道嘎夭大爷家

火炕外，还会增加火墙以提供温暖的室内气候环境。

（二）建造特征

大兴安岭西区在陈巴尔虎旗的民居主要建造方式为苇笆房或苇笆贴砖房。房屋的基础通常用毛石混凝土砌筑，在内外墙用圆木钢丝绑扎成框架，木框架与木屋架连接构成房屋的主体结构，在木框架中尽可能密实地填入扎成束的干苇草并在两侧抹 30 ～ 50 毫米厚的混合砂浆，墙厚在

180 ～ 260 毫米之间，外墙的外侧贴砌实心黏土砖墙 240 毫米厚，有的只在勒脚区域覆盖。屋顶结构为三角形屋架，屋架下弦钉木板为吊顶，板上加风化过的马粪末 300~500 毫米厚为保温层，屋架上弦钉铁皮板遮风、防雨、保护保温材料。（图 3-10、图 3-11）

莫尔道嘎地区的木材丰富，当地民居发明了一种特征的建造方式——木板夹泥房，即：使用原木梁柱作为建筑的骨架，外墙外侧斜铺一层木

图 3-10　陈巴尔虎旗苇笆房

图 3-11　陈巴尔虎旗苇笆贴砖房

图 3-12　莫尔道嘎地区木板夹泥房

质板片，然后在外墙的内外两侧使用加入秸秆的黄土泥抹平，最后外饰涂料。（图 3-12）

洞民居；以河套平原为代表、以山西移民为主体建造的乡土农宅；以呼和浩特、包头等城镇聚落为代表、以旅蒙商为主要人群的城镇住宅。

第二节　内蒙古中部地区

关于内蒙古中部地区的范围，综合考虑内蒙古各区域的经济发展、地貌特点、气候条件、历史文化等多方面的因素，对所研究的"内蒙古中部地区"范围进行界定。本次研究的内蒙古中部地区包括：呼和浩特市、包头市、乌兰察布市、巴彦淖尔市、鄂尔多斯市。（图 3-13）

内蒙古中部汉族传统民居主要因晋陕移民产生，由于所处地貌差异及使用人群的不同，形成了以晋陕祖籍地民居为原型的多样类型，主要表现为：鄂尔多斯、呼和浩特、乌兰察布南侧与晋陕接壤地区，因黄土丘陵地貌在乡村中形成的窑

一、中部地区概况

（一）自然地理环境

阴山山地（由狼山、乌尔腾山、乌拉山、大青山和卓资山组成）把内蒙古中部地区分为南、北两部分。由于阴山山地对南北气流都能产生阻挡作用，使得内蒙古中部地区南北两部分热量和水分都有明显差异，也将以牧业为主的北部草原区和以农业为主的南部农业区划分开来。（图 3-14）

内蒙古中西部地区的河流是由黄河、永定河、岱海水系组成。黄河由宁夏回族自治区的石嘴山流入内蒙古中部，在山地所形成的格局内，环绕鄂尔多斯高原流淌，呈马蹄形。由于黄河的冲积

图 3-13　内蒙古中部地区位置图（底图来源：内蒙古自治区自然资源厅官网　标准地图　审图号：蒙 S（2017）026 号）

图 3-14　内蒙古中部地区地貌示意图（底图来源：内蒙古自治区自然资源厅官网　标准地图　审图号：蒙 S（2017）026 号）

在阴山南麓形成了河套平原，黄河过境水量，为农牧业提供了丰富的水源，水土条件较为优越。蒙古族人民自古就有逐水草而居的习惯，汉族人民的生产劳作也一样离不开水。该地区土质优越，多为栗钙土、灌淤土，这种土非常适宜农作物生长，是内蒙古中部地区的农作物种植区。因此，本地区人口也主要集中在阴山以南的地区，从村落分布现状来看，村落也主要集中在靠近水源、地下水资源丰富的地区。(图 3-15)

(二) 文化历史背景

内蒙古中部地区的南侧与宁夏、陕西、山西、河北接壤，且河套平原、鄂尔多斯高原等地区具备适合耕种的条件，因此，自古以来就是一个移民活动频繁的区域。内蒙古中部的移民多数来源于晋北与陕北地区，尤以山西人居多。(图 3-16、图 3-17、表 3-1)

图 3-15 人口分布示意图 (来源：根据赵云《内蒙古中部地区传统村落空间形态更新策略研究》绘制，底图来源：内蒙古自治区自然资源厅官网 标准地图 审图号：蒙 S (2017) 026 号)

起初，迁徙至内蒙古中部地区的居民，多是躲避饥荒的难民，以佃租耕种为生，他们在租种农田附近用当地的黏土材料搭建简易"茅庵"，蒙古人称之为"板升"。在清初，"汉人出口务农或经商者，始而春来秋归，继则稍稍落户……"[9] 随着移民数量的增多，从最初的"板升"逐渐聚集成农宅村落。清雍正年间，汉族农宅村落的规模还比较小且分布零散，后至清乾隆年间，内蒙古清水河一带就"移民人寄寓者十万有余"，"清光绪二十七年 (1901 年)，清政府基于内忧外患的多种因素，正式批准山西巡抚岑春煊关于开蒙地的奏议，蒙禁政策的取消以及移民实边和开垦蒙地的新政实行，使得以晋陕为主体的内地汉族人口，在万里长城沿线呈现出向绥远[10] 地区全线移民之势。随着早期移民对绥远地区环境的熟悉和适应，以及考虑到雁行[11] 的高额费用成本和极大的匪患风险，多数移民逐渐退出春去秋归的雁行生活，'回家探亲改为移家迁眷'[12]，大部分旅蒙晋商[13] 在这时也由行商转化为坐商。绥远地区的蒙古族受汉族影响也多数由游牧到定居，蒙古包越来越少"[14]。"1912 年，绥远地区已有汉族人口 1010954 人，而到 1937 年，绥远地区的汉族人口达到 2064565 人 (此时仍有一些'雁行'之人，难以统计，不计入其中)"[15]，内蒙古中部的晋风乡土农宅已经随处可见，旅蒙商和当地的达官显贵从山西请来工匠在城镇中修建的商宅也渐成规模。

图 3-16 走西口老照片 (来源：呼和浩特政协《青城老照片》)

图 3-17 走西口老照片

绥远各县汉族祖籍地分布情况 表 3-1		
塞外县旗名		口内移出县名及其所占比例
土默特川	土默特旗	大同、偏关、代县
	萨拉齐	忻州
	清水河	偏关、平鲁、宁武、忻县、崞县
察右旗	兴和	忻州、大同
	丰镇	忻州、浑源、定襄、崞县
	凉城	忻州、代县、崞县、定襄
套东	包头	河曲、忻州、定襄、代县、府谷、神木、直鲁豫、陕甘皖苏粤、韩国人
后山	武川	崞县、盂县、阳曲、忻州、定襄、大同、太原等晋北各县占 7/10-8/10，直鲁豫占 2/10-3/10
	固阳	晋北各县移民（4/5），直鲁豫（1/5）
后套	五原	河曲（70%）、忻州、代县（5%）、河北（10%）、山东、河南（10%）、其他（1/5）
	临河	河曲、保德（1/3）、府谷、神木（1/3）、其他（1/3）
	安北	河曲、代县人最多，别的，山东人数占少数
前套	东胜	府谷、神木、河曲
	阿拉特旗	河曲、忻州、
	郡王旗	榆林、府谷、神木
	杭棉旗	神木、府谷
	乌审旗	榆林
	扎萨克旗	榆林、神木
	鄂托克旗	榆林、靖边、平罗（甘肃）

二、黄土丘陵地区

内蒙古南部从地貌上为黄土高原的北部边缘地带，黄土丘陵呈断续带状分布于内蒙古南部（图 3-18）。其中在中段兴和、凉城、和林格尔、清水河下伏基岩由花岗岩、片麻岩、玄武岩和沙岩组成，黄土厚度自东向西、由北向南逐渐增厚，清水河一带黄土厚度可以达到 40~100 米；西段鄂尔多斯境内的准格尔黄土丘陵，黄土多覆盖在紫色砂岩上，最厚区域也可达 100 多米。[16] 基于以上地貌特征以及清朝到民国期间，晋陕北部大量的汉地移民，使得内蒙古中部鄂尔多斯、呼和浩特、乌兰察布南侧边缘地带乡村中出现大量窑洞民居。

内蒙古地区的窑洞民居有靠崖式窑洞，也有独立式的砖石窑洞、土坯窑洞（图 3-19），这些

a 准格尔靠崖式窑洞 1

b 准格尔靠崖式窑洞 2

c 清水河老牛湾独立式石窑

图 3-18 南部黄土丘陵地理范围（底图来源：内蒙古自治区自然资源厅官网 标准地图 审图号：蒙 S（2017）026 号）

d 丰镇官屯堡独立式土窑房

图 3-19 南部黄土丘陵地带窑洞

窑洞根据所处地理位置以及地貌特点，呈现出不同的面貌特征，表现为沿黄河两岸的鄂尔多斯准噶尔地区、清水河地区，因黄河河谷坡地以及沟谷的黄土覆盖较薄，石材裸露，窑洞主要以独立式石窑和靠山接口式窑洞为主，如准噶尔包子塔村，清水河的老牛湾村、黑矾沟、北堡等，而在乌兰察布南部的黄土丘陵地带，因地势相对平坦，会出现很多独立式土坯窑洞，如丰镇市官屯堡。

（一）准格尔、清水河

在准格尔、清水河地区黄河河谷坡地及沟壑地貌中形成的聚落，大多选址在沟壑的阳坡上，沿等高线顺沟势纵深发展。村落的结构比较松散，由于依山坡而建，并随沟壑走势变化，所以层层叠叠，从整体上看具有丰富的层次变化及村落的轮廓线，在坡度较陡的山坡上建造的住宅，高一层窑居院落往往是下一层窑洞的平顶（图3-20）。

a　准格尔窑洞村落

b　清水河北堡村

c　清水河大庄窝村

d　清水河口子上村

e　清水河刺木塔村

f　清水河阳井上村

图3-20　窑洞聚落

1. 院落布局

庭院是村民进行日常活动的主要场所，河谷坡地及沟谷地区窑洞建在向阳的坡面，且每户窑洞朝向南、东南、西南方向的最多，有利于冬季获得充足的日照，也有效避开冬季西北风的侵袭。住户根据实际情况在院外建造厕所、鸡窝、猪圈等附属建筑，依地形灵活布置，形成了富有变化的院落形态。窑洞住宅多为一进合院式院落，院落横向布局，进深较短，开阔而坦荡，许多住户连院墙都没有，窑前一块平坦的场地即院子，也是收获时晾晒粮食的场地。

大多数院落中建筑由正房和倒座组成（图3-21）。有的在厢房区域用作厨房、厕所、牲口房、储藏间等辅助用房，也有的院落相对自由，东西厢、倒座根据实际情况建造。由于地貌中石材较多，因此村落中的房屋、院墙、道路、烟囱、牲畜圈舍大多都是石头砌成。

院落中的绿化较少，只种植应季蔬菜。受"凡土皆可田"思想的影响，村民们将蔬菜种在石板缝隙之间，充分地利用有限的土地。栽种的植物

图 3-21 窑洞院落

既绿化了庭院又可以食用，而且改善了院内的小气候，避免了雨水对地面的冲刷，对水土起到了一定的保持作用。

　　院门的形式有两种：独立式大门和洞子门。独立式大门两侧与院墙相接，洞子大门则以倒座其中的一孔作为入口门洞（图3-22）。

　　作为居住功能的正窑，这一类型地区的窑洞有在黄土崖上挖出的靠崖式土窑（图3-23），这类窑洞年代都较久远。大多数的窑洞是用砖石砌筑出的独立式多孔窑洞（图3-24），或者只在窑脸和前部砌砖、石，纵深部还有利用黄土崖的靠山接口式窑洞（图3-25）。

　　正窑一般建造为三孔到七孔，每孔窑大多是一间独立的房间，也有两孔窑洞打通成为一门一

图3-22　院落的大门

a　洞子门

b　独立式大门

图3-23　靠山式土窑

a　准格尔杜家茆村

b　准格尔杜家茆村

a　清水河老牛湾1

b　清水河老牛湾2

c清水河老牛湾3

d　清水河老牛湾4

图3-24　独立式窑洞

a　准格尔杜家峁村1

b　准格尔杜家峁村2

c准格尔杜家峁村3

d　准格尔柏相公村

图3-25　接口式窑洞

窗为套间的形式（图3-26）。在建筑空间方位上，以左为上，以东为上，因此一家之主或是长者居住在主窑或是东面的窑洞内。为了强调其主体地位，正窑一般建在50厘米高的台阶之上，这样处理也可以防止雨水倒灌。

窑洞的室内都铺有火炕，以采暖防潮，火炕与灶台相连，多数人家的火炕在北侧，灶台连在火炕之前，这样使进门的空间相对宽敞舒适；也有的人家火炕在一进门的窗下，灶台在炕的北侧，这种方式使炕的区域阳光充足，但入口空间会略显拥挤。冬季整个房间利用灶火产生的余热采暖，环保节能，灶火产生的烟通过火炕底部后经烟囱排出，烟囱多为石头垒砌。（图3-27）

窑洞的室内墙壁在早期先糊一层拌有麻刀的泥浆，然后在外层涂上白泥。村民们习惯每年刷一次白泥，寓意新年新气象。近年来开始在墙壁上粉刷涂料或刷腻子。在老房子或是一般人家的房子中是用青石板或片石铺地，用红泥或石灰勾缝。经济条件较好的人家会在室内使用地板砖。

2. 立面细部及材料构造

对于靠崖式土窑，为了避免窑脸被雨水冲刷，多会在窑脸之前搭建简易的雨棚，砖石砌筑的窑脸，会在窑顶用片状的石材砌筑瓦檐（图3-28）。内蒙古中部地区窑洞都是满开大窗，门窗是整体式的，门多为单扇，大多数位居一侧，也有少数门开在中间（图3-29）。因早期窗要使

图3-26 一门一窗格局的窑洞

a　窑洞外观

b　窑洞内部

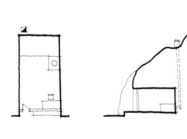

a　窑洞中的倒炕示意图

b　窑洞中的倒炕内部图

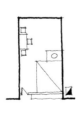

图3-27　窑洞内火炕位置

c　窑洞中的靠窗火炕

d　窑洞中的靠窗火炕内部图

用窗纸，因此窗格密而空隙小，后来逐渐发展为装饰的构件，中间镶嵌各种木棱花格，有菱花纹、梅花纹、网格纹、方胜纹、灯笼锦、套方纹、盘长纹等，寓意吉祥美满。每逢春节，家家户户在门口张贴对联以求团圆美满，红色的对联在一片苍茫的黄土色背景上格外鲜艳。村民们还在窗外张贴窗花与年画，既起到一定的装饰作用，又凸显了节日的喜庆气氛。窗花剪纸的内容

a 土窑窑脸前的雨棚

b 石窑的檐部

图 3-28　窑洞外观

图 3-29　窑洞满开大窗

与形式多样，有写实也有写意，具有很高的艺术价值（图3-30）。

这一地区所建造石窑的原始做法是先备好石料，然后根据窑洞的规模大小在山坡上将土掏出

挖槽，再在槽内垒砌石料，要求石块之间不能有大的空隙，在垒到窑洞高度的一半时，把槽间上方的土修成弧形，然后顺势砌筑拱顶，最后将窑内的土掏空，覆盖到屋顶（图3-31）。现在大多

图3-30　窑洞窗的细部

图3-31　石窑的建造

是直接在空地上建造窑洞，一般的做法是砌好窑腿后，用模具支撑，砌筑拱券。

由于石块本身是不规则的，所以在建造过程中工匠会根据每片石块的形态来进行堆叠，使其缝隙最小。所有石块都被恰当地安插在最合适的位置上。对石窑洞的石块之间缝隙的处理，比较传统的做法是在立面抹灰。经常在主窑里面抹灰外面填缝以防寒，而库房、厨房等辅助用房一般不作处理。

建造过程根据各家地形、原料、占地面积、功能要求的不同，有很大的变通性，工匠需要综合多方面的因素来进行建造活动，所以在村庄中不会有完全一样的建筑出现。

（二）乌兰察布南部

内蒙古乌兰察布市丰镇官屯堡乡和察哈尔右翼前旗一带，由于处于黄土丘陵的较平坦地带，土崖的高度不够，因此会用土坯建造独立式土窑房。（图3-32）

1. 院落及建筑

这一地带的民居院落多为合院式，院门在南侧，由坐北朝南的正房和左右厢房组成，有的人家也有南房。正房供主人居住，厢房作为仓储和圈舍。早些年的土窑房民居一般为三间，平面多为一进两开的格局，中间一间作为入口，连通东西两侧的房间，东屋内设有窗下火炕，西屋可设可不设，室内用白泥粉刷，室内摆放大木柜、木质相框、木框镜子等家具装饰，部分土炕两边的墙用彩绘绘饰（图3-33）。近年来，随着人们需求的增加，房间数增加到5~7间。土窑房民居防雨水能力较弱，所以大多数土窑房民居都会做瓦屋顶，用砖叠砌成低矮的挑檐，进行有组织地排水（图3-34）。

土窑房民居是以黄土为建筑材料，以黄土土坯砌筑而成的独立式窑洞，房间跨度一般可达3米多，室内空间为拱形的空间形态，门窗洞口也为拱形结构砌筑。大多土窑房民居装饰较少，最主要集中在门窗上。土窑房民居只在南向满面开窗，门窗一体，窗框黄色，其窗户上方随着土窑

图3-32　丰镇官屯堡土窑房

图 3-33　土窑房内部格局

屋顶的起拱开设弧形轮廓的拱窗，其下放设方形轮廓的窗台。窗户分为上下两部分，上部为半圆形，正中设方形格栅，格栅后糊纸一层，纸上贴有民族纹饰，此窗体上部固定不可开合只起装饰作用。可开启部分被窗框分隔，设玻璃窗面（图3-35）。

2. 建造

在土窑房的建造中，先要完成拱形部分土坯的制作，在制作土坯之前选择有黏性没有杂质的黄土，加入少量细砂，同时为了增加土坯的抗拉性能，可在其中加入少量的秸秆或麦尖，加水搅匀后用专用的模具将土坯制作成型，然后开始晾晒，在晾晒拱形土坯的过程中开始筑墙体及火炕。首先，在平地上以夯土墙做窑腿，之后将晾晒后的土坯以拱结构砌筑在窑腿上，四周再夯筑土墙，墙内抹灰，同时安装门窗，完成后即可入住（图 3-36）。

图 3-34　土窑房檐部

图 3-35　土窑房的门窗

图 3-36　土窑房的建造

三、河套平原地区

图 3-37 河套平原地理范围（底图来源：内蒙古自治区自然资源厅官网 标准地图 审图号：蒙 S（2017）026 号）

内蒙古境内广义的河套平原包括内蒙古狼山、大青山以南的后套平原和土默川平原（又称前套平原）组成，它是黄河沿岸的冲积平原，在几字形的黄河湾，是鄂尔多斯高原与贺兰山、狼山、大青山间的陷落地区。河套平原的汉族移民大多来自山西北部各地，使得这一地区的乡土农宅具有相似特征，同时在土默川平原和后套的乡土农宅之间也出现一些差异。（图 3-37）

（一）院落布局

内蒙古中部乡土农宅院落形制以合院式为主，因地广人稀，院落空间宽敞，院落形状接近长方形。土默川平原地区大多进深大于面宽，后套地区则院落更加宽敞（图 3-38、图 3-39）。院落中建筑呈北高南低之势，受经济条件的制约，院中常常只建有正房和南房，为了取得好的朝向，正房坐北朝南，是院落的主房，用于居住，与南房平行，相对而立。院落不采用独立式围墙，利用正房建筑的后墙兼作围墙，之间加几段短墙就围合成一个院子（图 3-40）。这种院落的围合形式最初是从山西的院落形式中继承而来的，在逐渐地域化的过程中，被村民保留至今。院墙以土坯墙和砖墙居多，少数人家采用石头墙（图 3-41）。

院落围合界限明确，一般在南侧设有入口，也有一些院落开在东侧或西侧。从房屋中间穿过

图 3-38 土默川平原古雁村乡土农宅院落

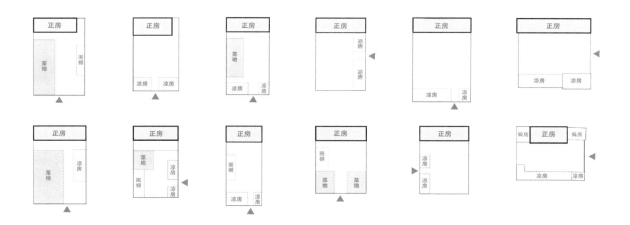

图 3-39　院落平面示意图

图 3-40　院落围墙和正房的关系

a 土坯墙

b 砖墙

c 石头墙

图 3-41　院落围墙形式

的入口，形式简单朴素，有的人家会在门洞上部增设小披檐，下部用两根木柱支撑挑出的檐边，有的也会采用门楼。早期建造的院落大门常采用木板门（图3-42），现在的院落以大红色铁皮板门居多。院落中的房屋建筑通常为一层，以正房和南房为主，很少见到东西厢房。正房屋顶形式大多为硬山坡屋顶，坡度平缓，正房一般为3～5间（图3-43），以居住功能为主；南房常作为晾房和储藏间，也有些人家把它作为厨房；在院落的东西向，人们往往盖一些低矮的小屋或晾棚，主要用来饲养牲畜和放置农具杂物，样式简单，无多余装饰（图3-44）。在院落中，正房前面的地面常用硬化铺装或砌筑一个水泥矮台，用作晾晒场或晒台（图3-45），其余地面多为夯土地面或者砖石地面。院中常种2～3棵果树。现在新建的院落中，也开辟一块小菜园，种植日常的瓜

a　木板门

b　铁皮板门

图 3-42　院落大门

图 3-43　古雁村民居正房立面

图 3-43 古雁村民
居正房立面（续）

图 3-44　东西向简易小屋

图 3-45　正房南侧矮台

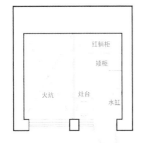

a　正房一室平面图

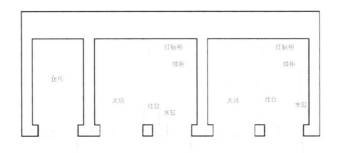

b　正房五间平面图

c　屋内大梁 1

d　屋内大梁 2

图 3-46　正房平面图及内部大梁

果蔬菜，供家人食用。在小菜园的旁边搭建厕所，厕所的废物可为小菜园提供天然有机肥料。

（二）建筑平面与室内空间

　　早期晋风农宅建筑平面形式相对简单，一般取两间作为一室，屋内没有多余隔断，屋顶正中间有一根大梁，入口采用木门加墙的形式。居住单元之间采用串联的方式排列，整体平面形式呈一字形。居住单元数量以奇数居多，很少有偶数出现，通常是 3 个独立房屋串联。（图 3-46）

　　房间开间没有一个标准的规范，村民大多根据自己的实际情况进行划分，随意性很大。开间大小受木材长度的限制，一般在 3 米左右，很多土坯房的开间都达不到 3 米。早期的农宅建筑，这样一间屋子就是一个独立的家庭居住单位，家庭成员的日常起居、会客、休息、餐厨等行为活动都在这个空间内完成。房屋内部常设火炕和灶台，火炕靠房屋西侧墙大多宽为 2 米，长即房间的进深，一般为 2.5 ～ 3 米。灶台紧挨着火炕搭建，一般位于前窗下，灶台为 1.2 米见方（图 3-47）。火炕和灶台约占房间总面积的三分之二，室内空

图 3-47　室内灶台和炕

间十分拥挤。炕内盘烟道，与灶相连，做饭的余热通过炕内，为炕加热，当地称之为"过火炕"。炕的周围常有炕围画（图 3-48），风格朴素喜庆，白天人们将被褥卷起来放到炕角，炕上常铺一张油布，防水防潮。人们将案板放在炕上，进行做饭前的一系列准备工作。炕上设炕桌，一家人盘腿围坐在炕桌四周用餐。炕的旁边一般设有一个火炉，早期是泥炉，现在多是铁炉，内蒙古的冬天非常冷，火炉主要是增加室内温度，供人们取

暖之用。室内家具摆设不多，以红躺柜、橱龛为主（图 3-49）。红躺柜靠后檐墙向着入口方向摆放，中央设中堂，即中间挂镜子或堂幅，上部配横额，两侧为对联。柜上放置妆匣和花瓶。红躺柜旁常设龛，高度不高，主要放碗筷餐具，作收纳之用。门下常放置水缸。就正房建筑整体空间形态而言，移民初期家庭人数较少，加之受经济条件制约，建筑在开间和进深上都比较小，随着家庭成员的增加，经济条件的改善，建筑逐渐向开间方向扩展，以解决家庭成员的生活居住问题。就一个家庭居住单位的空间形态而言，随着人们生产生活方式不断发生改变，对建筑空间的要求也随之改变，以适应自己现阶段的生活需求。从最初平面形式单一，功能模糊混乱的空间形态逐渐向各功能分区独立转化。如在最初的单元平面中，家庭生活中的行为均混合在一起，随着生活水平的提高，人口减少，火炕长度缩短，将灶台从南窗下移至后檐墙，与炕之间用软隔断隔开，厨房空间独立，建筑内部的空间得到简单划分，但日常生活起居仍在一个大空间内进行，父母和子女之间的行为活动交叉干扰。随着人们对空间私密性的逐渐重视，出现了卧室空间的分离，原有一个居住空间发展成穿套的方式，增加的空间常作为次卧，用于子女居住和家庭收纳，房间内部常设普通炕或摆放木床，沿墙边摆放衣柜。随着黏土砖普遍使用，为建筑内部空间的划分提供了更多的可能。村民按照现代生活的需求，对建筑平面形式进行完善，功能分区得到明确划分。

图 3-48　炕围

前面大跨度的空间作为客厅,两侧分别设置主卧和次卧,出现了"卧室—客厅—卧室"的基本平面形式。厨房一般设置在靠主卧一侧后面的小跨度空间里,中间大开间前半部分用作客厅,后半部分用作餐厅。后期有的人家将次卧空间一分为二,形成一明一暗的布局形式,方便子女分开居住,也有人家将次卧靠后檐墙的部分隔出一个小间,用来储藏杂物。受城市生活习惯的影响,村民对空间的卫生要求逐渐提高,出现了室内卫生间,方便生活的同时,也提高了空间的利用率(图3-50)。

(三)建筑外观与材料构造

河套地区乡土农宅在早期受经济条件的制约,就地取材建造土坯房,土坯房为土木混合结构,墙体承重,由于黏土热交换系数小,因此建筑室内冬暖夏凉。早期屋顶常采用单坡屋顶,屋顶坡向院落内,呈后高前低之势。后套地区降雨量稀少,因此屋顶几乎为平屋顶(图3-51),而土默川地区随着降雨量的增加,屋顶坡度也会随之增加,一般在5%~10%之间(图3-52)。单坡屋顶这种方式在气候上也可以抵御北侧的冷风,同时受到山西民居"肥水不流外人田"的影响。屋顶多用当地盛产的黏土和麦秸草皮和成的泥抹平,

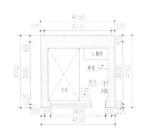

a 早期单元平面图

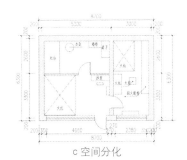

c 空间分化

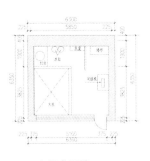

b 厨房后移

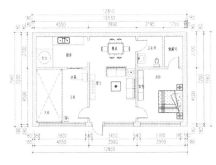

d 客厅独立

图3-49　室内躺柜及其他家具

图3-50　正房平面的演进

图 3-51　五原县民居

图 3-52　古雁子村民居

向南挑出较为平缓的小檐，在夏季，太阳高度角较高，出檐可有效遮挡太阳光；而在冬季，太阳光又能很容易透过南向窗户射进建筑内部。一般房子后墙高 4～5 米，檐墙高不到 3 米，下雨时，雨水朝一边流，当地人称之为"一出水"。由于冬季较为寒冷，易刮西北风，正房建筑的外围护结构实多虚少，背墙及侧面基本不开窗，只在南向开窗。这样做的目的既避免建筑散热、吸热面积过大，起节能作用，同时也可以抵挡西北向的寒风。土默川地区的住房与山西北部的民居相似，常采用满面开窗的方式（图 3-53），传统木窗一般都是成双布置，一个开间以布置四扇者居多。在窗户形式上较为讲究，刻工很精细。一个窗户由上下两部分组成，上扇可以开启，下扇固定。从使用上讲，上半部分主要用于通风，同时多做精美的镂空木雕装饰；下半部分是窗框镶嵌玻璃的形式，主要用于采光（图 3-54）。随着建筑科技的发展，铁窗框与玻璃的组合又逐渐被铝合金框玻璃窗、塑钢框玻璃窗所取代。玻璃的透光性较之以前明显提高，窗户的保温隔热性能增加，建筑室内的热舒适度得到改善。而后套地区的农

图 3-53　美岱召村民居满面开窗

图 3-54　南向开窗

a 古雁村民居门窗上的木雕装饰 1

b 古雁村民居门窗上的木雕装饰 2

c 乌拉特前旗民居门窗上的装饰

d 古雁村民居门窗上的木雕装饰 3

图 3-55 门窗装饰

宅，则为独立的窗洞，在立面上不及前者在南向通透。无论哪种立面的开窗方式，窗户的细部形制成为传统民居中突出的具有装饰性的元素。花格窗图案多样，窗框划分以直线为主，也少量用到圆弧曲线，多为正方形、太平格、几字形等形状。窗户上裱糊窗纸，上贴剪纸窗花装饰，窗花颜色以红、蓝、绿等颜色为主。窗格疏朗，阳光可以自由地透射进来。窗间框上常贴对联，梁头贴福字（图 3-55）。早期的乡土农宅檐部整体看上去朴实有力，主要表现为粗大简洁的檐椽以及出檐的深远，出檐距离通常在 1 米左右，檐部大多数采用一层檐椽，直接向外出挑，很少出现传统山西民居中飞椽式的做法（图 3-56）。

根据经济水平的差异以及年代的靠近，河套地区的乡土农宅会由土坯房衍生出"四脚落地"及"外硬里软"的方式，以增加房屋的耐久

图 3-56 檐部出挑

性。所谓"四脚落地"是用少量青砖将房屋外墙的四个角及下边沿包裹起来，从而防止雨水腐蚀，增加房屋的强度。建筑结构形式仍为土木混合，采用单坡顶，但坡度比土坯房增大，并出现了"鹌鹑顶"，即屋顶斜坡渐渐地出现了一些弧度，用筒瓦装饰，后面出现了一个小小的短坡（图 3-57）。而"外硬里软"墙体内外表皮采用青砖砌筑，为了节省砖材，内部常用土坯填充的方式。

在现代砖房的农宅中，长短坡双坡顶较常见，这种屋顶坡度较陡，在 20°～45° 左右，房屋前后两坡相交处有明显的屋脊，从侧面看房顶呈人字形，屋面多做仰瓦，出檐较大（图 3-58）。

以下以后套地区的乡土农宅为例介绍土坯房的构造特征。

土房的结构可以分成三个部分，即基础、墙体和屋顶。屋顶建造需要用到大量木材。由于当地木材匮乏，除主要的梁和檩条外，其他部分多采用当地易得的一些灌木、野草等代替。

1. 基础

最早期的土房建造简陋，不做基础，直接在夯实的地面上垒砌墙体，这样的房屋与地面接触

图 3-57　四脚落地

图 3-58　长短坡双坡屋顶

处连接薄弱，较易风化或为虫鼠所破坏，有极大隐患，使用寿命较短。后套平原地势平坦，只需选择四周地势较高之处，或将整个地坪垫起，防止积水淹没即可。之后规划建筑平面，确定墙体位置，在墙体位置下挖壕沟，土墙的墙体较厚，基础壕沟宽度为 0.5 米左右，深度为 1～1.2 米左右，以防土冻胀破坏墙体。挖好壕沟后，先在沟内填埋细沙，加水夯实以防潮和防冻胀。填埋至距地面 0.5 米左右，则开始使用刚性材料砌筑，或为方正的毛石，或为黏土砖，砌筑高度会根据物质条件取舍（图 3-59）。

2. 墙体

后套地区常用土墙的材料大致有两种：一种是按照一定尺寸制作的土坯，将泥土混合稻草等粘接材料倒入模具压制，而后晒干制成，尺寸的大小也因地区不同有所变化，一般有块状和片状两种。土坯尺寸方正，但是制作过程费时费力；另外一种对土的加工则方便快捷的多，即制作"土坷垃"，虽然成品较土坯来说粗糙，但加工方便，是多数人的选择。

在春天时，地下水位上升，冬季泛起的盐渍退去，土壤较为湿润，此时土壤最为适合制作土坷垃。寻一片足够大的平坦地面，将整个场地用石碾子平整、压实，用铁锹在场地上划分出尺寸合适的矩形网格，一般在一尺见方，再用铁锹按照相同深度铲出形成的土块，3～5 块垒成一摞，晒干后即可用作墙体材料。这种土坷垃做法粗糙，体块的平整度和棱角有所欠缺，为了使结构稳定，土坷垃墙体厚度也会较土坯房厚一些，同时也会采用下大上小的梯形墙体结构（图 3-60）。土坯或土坷垃，在砌筑的时候会使用黄泥加上一些麦壳、秸秆拌和而成的泥浆作为粘接材料。这样的泥浆也用作墙体抹面，抹面后外墙有时还会抹上石灰腻子，兼具美观和防水之用。

3. 屋顶

后套地区年平均降水量在 100～250 毫米之间，连续降水时间短，强度小，故建筑多使用平屋顶。平屋顶建造施工简易，且能很好地适应地

a　无墙基础房屋

c　浅砖基础房屋

b　毛石基础房屋

d　"腰线砖"房屋

图 3-59　常见房屋
基础

域内的气候条件，同时还可以用作家庭晾晒粮食或者动物饲料的平台。早期来河套平原谋生的人常常用这种方式建造，屋面坡度一般小于 5%，房顶不设瓦片，呈一面坡排水方式。

屋顶的结构一般是在纵墙上架檩条，山墙搁檩方式，然后将椽条、笆子、稻草等依次铺盖在上，最后黄泥抹平而形成（图 3-61）。这样的屋顶结构限制了土房的开间和进深，所以土房的面积都不会很大。

在屋顶建造过程中，首先会在东西两侧山墙上预留架檩的位置，从前到后依次升高形成排水坡度，檩间距多在 1.5～2 米左右，如果房子的开间过大或檩选用的木材不够粗时，还需要在檩下与山墙平行的方向增加一根较粗大的"梁"（图 3-62）。大梁是在房屋纵深方向支撑檩的构件，形成屋顶的第一层结构。然后，在檩上架间距较密的"椽条"，椽条之上，铺满"笆子"作为屋面。"笆子"是用枝条编织成的网状物，常用当地的"雾柳"、"红柳"等灌木编织，之后，还会在"笆子"

图 3-60　土墙

图 3-61　椽檩

图 3-62　梁与椽檩

上铺茅草等柔性材料,最后抹上泥浆。在此结构之上,再往屋面上封泥压顶,屋顶结构便基本完成了。在河套地区,封泥压顶这一道工序被称为"压栈",会宴请乡亲四邻。

在防水方面,选用调配好的泥浆涂抹成型后,在少雨的地区便能抵御绝大多数的雨水。之后的使用过程中,雨水冲刷会使泥层变薄或泥层因气候变化开裂,只需要在春天之时重新抹上一层即可。在排水方面,土墙抵御雨水冲刷的能力是较弱的,所以雨水一定要采取一定的组织来排出屋

面。屋顶本身会带有一定的坡度,前低后高,屋面四周会稍高出屋面一定高度,防止雨水沿墙体流下(图3-63)。到雨棚处时,每隔一段距离便做一个落水口,让雨水排出。落水口的材料也多种多样,最早只是留一洞口,再到简陋的瓦件、镀锌的铁制落水口等(图3-64)。

4. 营造风俗

(1)"土坷垃"与"穿靴戴帽"

房屋的基础之上即为土墙,后套地区乡土农宅的墙体主要为土坯砖或"土坷垃"垒砌而成,

图3-63　屋顶图

图3-64　落水口

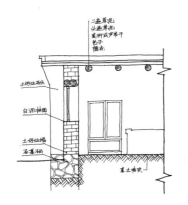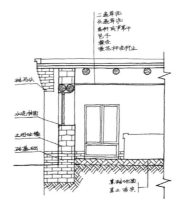

图3-65　墙体材料演变过程

图3-66　"穿衣戴帽"做法

内外再用混合麦秸的泥抹刷平整，随着民居的演变，墙体材料也在一部分一部分地从生土向熟土，即"砖"演变（图3-65）。砖这一材料在本地的民居上除了结构意义外还附加了一层象征意义。在早些时候，可以从民居对砖的使用量上看出这户人家的生活水平。砖基础的高度在3～5层高为初级；再富裕一些的住户将砖由基础直接砌筑到窗台以下形成"腰线砖"为中级；更高级的做法是除基础至窗台下外，将建筑四角用砖砌筑，称为"穿靴戴帽"（图3-66）；同时，过渡阶段会在已有土坯墙外加建一层砖墙，名为"外熟里生"式；最后，条件允许下全部使用砖和水泥砌筑房屋。建造方式的演变能够体现当地居民经济发展状况。

（2）"马头"与"雨檐"

土房的平面虽为矩形，但东西山墙在与屋顶相接处往往会做出"马头"，与徽派民居几起几落的马头墙不同，土房的马头只是在房屋正面升起一段，东西山墙往往向南凸出南墙0.5米左右，以支撑雨檐（图3-67），这种做法在晋陕地区建筑上比较常见。将建筑南墙后退，让山墙凸出的做法，与马头结合，能够遮挡一定的阳光，让建筑在夏季炎热时减少太阳直射和西晒，保证室内凉爽。

（3）土牛

土牛是一个独立的支撑结构。因土房自身材料的局限，建造好的房屋往往会因为整体性和稳定性不够好，导致墙体的倾斜侧歪，产生安全隐患，重新修建房屋的代价过大，不加以修缮则会导致整个房屋垮塌，于是就产生了土牛这种支撑倾斜墙体的结构。具体做法是，先用木头由地面斜撑住倾斜的墙体，而后用土堆堆满斜撑的下端和墙角的部分，夯实土堆，稳定住支撑墙体的木头。因其上部往往露出两个犄角一般的木头，形似一头土做的牛顶着墙体，所以这种做法被形象地称为"土牛"。（图3-68）

（4）楼梯

在农业生产活动中，一些收获的粮食、作物等有时需要晾晒，一般的院子若不加处理则浮土较多，加之院中会有家禽牲畜等活动，不宜晾晒，屋顶便成了较好的晾晒场所，若使用梯子上屋面的话，需手脚并用，不方便搬运物品，所以有些人家会在房边盖上一副小楼梯方便晾晒。做法是直接堆土成坡，后期也有在土坡上铺上一层砖头形成规整踏步的做法（图3-69）。

5. 门窗

土房一般面积都较小，通常一间屋子只在南向开一扇门，一扇窗即可，北面后墙只开一扇小窗甚至不开窗，来抵御冬季寒冷北风（图3-70）。早先的简陋土房只能开不到1米的小窗，窗户也是木楞窗糊上窗户纸。后来，在当地的土房建造中，会将原木用作门窗过梁，增大了土房的开窗面积。

墙体在建造过程中会预留好门窗洞口，门框与窗框除在外观看到的部分外，四角还各有一根"触手"伸进土墙之中固定。门洞与窗洞上沿往往同一高度。将原木架在门窗洞口的墙上，同样用泥浆封牢，上部抹平，再在其上砌筑3～5皮土

图3-67 马头与雨檐

图3-68 土牛

a 土坡楼梯

b 铺砖楼梯

图 3-69　土坡楼梯及铺砖楼梯

图 3-70　南向门窗形式及北向开窗形式

图 3-71　地面铺装

坏或土坷垃即可。原木过梁的下边缘通常不易直接与门窗框连接，有时会在两者之间以一木板连接，有的土房会将原木下沿抹成斜面或弧形面来增加采光。

6．装饰特征

（1）地面

土房的地面最早只是夯土，后来也像基础一般挖走旧土，更换细砂和土质较好的土夯实。随后，用红砖铺地，素水泥铺地，再后来则是水磨石的地砖乃至现存一些保存较好的土房会铺上陶瓷的地板砖，与时俱进（图 3-71）。

（2）仰尘

土房建好后，梁檩笆子等结构在室内清晰可见，并不美观，通常会做一层吊顶来遮挡，在当地称之为"仰尘"。仰尘在梁下的层次，不起支撑作用，故质地较轻。一般有泥仰尘、纸仰尘和塑料仰尘。纸仰尘是将木龙骨框架钉好，糊上纸即可，塑料仰尘质地更轻，直接钉在梁下墙边即可，最广泛使用的则是泥仰尘（图 3-72）。泥仰尘主要材料是葵花秆、高粱秆等质地较轻的材料。选好粗细均匀的秆件材料，将其缝制成帘子，将屋顶大小的席子用铁丝穿过东西山墙外，用力拉紧，使室内席子平整。在端头系上能够拽住铁丝的稍大树枝或木板等材料拉结固定，内部经过梁下位置时也与梁连接，增加强度（图 3-73）。之后再以泥浆抹平，刷上石灰，泥仰尘便成型了，这样的仰尘做法强度高，平整度和耐久度也好，是最常见的做法。

图 3-72　露出的泥仰尘材质

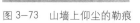

图 3-73　山墙上仰尘的勒痕

四、中部城镇民居

（一）呼和浩特市晋风商宅

呼和浩特是内蒙古自治区的首府，是全区政治、经济、科技、文化、金融和教育中心，也是"呼—包—鄂—榆"经济圈重要城市，为国家历史文化名城。

呼和浩特位于内蒙古自治区中部。地处大青山麓南侧，西与包头市、鄂尔多斯市接壤，东邻乌兰察布市，南抵山西省。全市总面积17224平方公里，是中国向蒙古国、俄罗斯开放的重要沿边城市，也是内蒙古自治区东部地区连接西北、华北的桥头堡。

呼和浩特地理坐标为东经110°46′～112°10′，北纬40°51′～41°8′，市区位于北纬40.48，东经111.41。呼和浩特市北倚大青山，东倚蛮汉山，北部和东南部为山地地形，南部和西南部为山前冲积而成的土默特平原。整体地形从东北往西南方向倾斜。市域最高点为大青山金銮殿，高度达2280米，最低点位于托克托县中滩乡高度986米，市区平均海拔高度约1000米。属于典型的蒙古高原大陆性气候，四季变化明显，年温、日温差均较大。其特点：春季干燥多风，冷暖变化剧烈；夏季短暂、炎热、少雨；

秋季降温迅速，常有霜冻；冬季漫长、严寒、少雪。

1. 区位沿革

呼和浩特市是一座塞外名城，2300年前云中城拉开了今天呼和浩特市建城史的帷幕，历经盛乐城、丰州城、归化城、绥远城。现在的呼和浩特市区，自从明朝隆庆五年开始修建归化城起，已有440多年的发展史。16世纪20年代俺答汗率领的蒙古族土默特部落开始在大青山以南的土默特平原游牧，不时进犯中原，直至明穆宗隆庆五年（1571年），明、蒙双方达成停战协定，颜答汗被明朝政府册封为顺义王，于是开始建设明朝赐名的"归化城"，于明万历三年（1575年）建成，蒙古部落起名为"库库和屯"，汉语为"青色的城"（图3-74）。清朝雍正十三年（1735年），清政府派官员到归化城，决定在归化城的东北方新建立一座城池，约于清乾隆四年（1739年）完工，清政府将新城起名"绥远城"（图3-75）。绥远城与归化城东西相邻，相距数里。当地居民称绥远城为新城，归化城为旧城（图3-76、图3-77）。民国时期，北洋政府将归化、绥远两城合并为归绥县，直属行政区管辖。1950年1月20日，成立归绥人民政府。1954年4月25日起，将归绥市改名为呼和浩特市，并作为内蒙古自治区的首府。

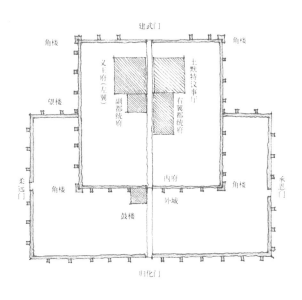

图3-74　归化城城池总体格局示意图（来源：杨天娇《呼和浩特城市空间演变研究（1912—1958）》）

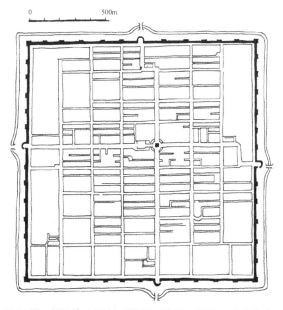

图3-75　绥远城（新城）平面图（来源：《呼和浩特城的形成发展与城市规划》）

2. 历史文化

呼和浩特前身为归化绥远城，因位于内蒙古自治区中部，北靠阴山南临黄河的特定地理位置，使其自古以来都是一个移民频繁的城市。从明朝中期开始，由于各种原因，中原大地的大量移民进入内蒙古南部地区，例如历史上著名的"走西口"。走西口移民使大量晋陕的农民来到塞外，也使得早期旅蒙商汇聚在城镇中（图3-78）。

清朝时期，归化城是蒙古贸易的中心点之一，也是各地商人同蒙古、新疆进行贸易的一个重要渠道。归化城也是重要的商品集散地，各大商号从全国各地贩来的货物，全部经过归化城，然后再向外蒙各地进行销售。同时，从外蒙各处贩来的皮毛、牲畜等，也经过归化城运向中原各地销售。旅蒙商在蒙古地区的商业贸易，沟通了内蒙古与边疆的物资交流。不仅带动了城市经济的繁荣，也促进了城市规模的扩大。

随着旅蒙商人资本日渐扩大，他们在归化城定居下来，开设铺面，由行商转为坐商，他们以归化城为基地，雇佣大批从业人员携带商品进入草原和牧民交换牲畜产品（图3-79）。加之同时期中原移民数量的增加，经济模式慢慢变成农业、半农半商抑或是纯商业的经济形式。由于经济模式的变换，这时候的房屋建筑空间也要更符合生产的需要。呼和浩特本地的传统民居建筑风格也逐渐产生。大批的中原移民主要是以山西、陕西为主，于是，本地的传统民居建筑形式，很大程度上延续了山西、陕西之地的民居形式，并结合了当地的气候条件，在漫长的文化、生活融合之后，形成了呼和浩特特有的传统民居形式。

3. 城镇格局

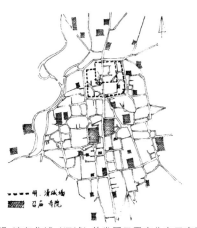

图3-76　明、清归化城（旧城）的发展及召庙分布示意图（来源：《呼和浩特的形成发展与城市规划》）

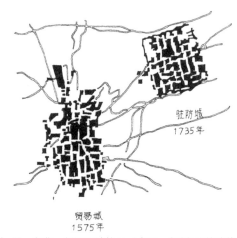

图3-77　归化、绥远双城格局（来源：《呼和浩特城的形成发展与城市规划》）

图3-78　呼和浩特市城内居民生活图（来源：焦鸿《青城记忆》）

图3-79　呼和浩特市城内居民生活图（来源：焦鸿《青城记忆》）

1921 年平绥铁路的开通，使得呼和浩特火车站形成了独立的居住区。呼和浩特市的城市形态从双城的形态演变成"绥远城、归化城、火车站居住区"三个相对独立的组团呈现的"品"字形发展模式。最初的归化城，占地面积很小，围城仅 1.2 公里，城垣也高不过 10 米。绥远城面积较大，方形城墙围绕约 4 公里，城内以鼓楼为中心有东、西、南、北四大干街直达四门，形成十字街的城市空间划分。归化城主要以商肆、宗教、民居建筑为主，而绥远城内主要为军营和一些官式建筑。1954 年 4 月，归绥市改称呼和浩特市，直属内蒙古自治区。从这一时期开始市区内新建项目大量增加，兴建了纺织厂、大学、医院、办公建筑等。这批建筑大多分布于城区腹地。根据建设规模的不断扩大、城市建设发展的需要，20 世纪 70 ~ 80 年代拆除了城墙，打通了交汇干线，拓宽了马路。至此，新城、归化城的建筑物鳞次栉比，融两城为一体。

4．院落布局

呼和浩特传统民居的院落形式多采用中轴对称，较多仿照山西北部的建筑风格，四合院形式，大门常开在院落的东南角，整体院落呈南北长而东西较短的长方形，以一进居多。屋顶形式有半坡式和前长后短式（俗称鹌鹑尾式）；后墙高耸，屋顶前坡曲线较缓。许多农户房顶采用倾斜度较为平缓的草泥抹的保护面，一方面作为晾晒农作物的理想场地，另一方面可以很大程度吸收太阳热量，达到了节能的效果。

挑檐具有很强的科学性，除了在雨季成为挡雨过廊，挑檐长度非常适应呼和浩特地区全年太阳高度角的极差变化，可有效遮挡夏季太阳高度角大的时候的阳光曝晒，在冬季太阳高度角较小时则会使阳光照射入室内的时间更长，利用太阳照射提高室内温度。

5．建筑形制及其细部

呼和浩特传统民居建筑一般设计得比较低矮，进深较小，室内空间不够宽敞，建筑只在主立面方向开窗，其他三面不开窗，少量南向正房在北墙上开小窗排气。

呼和浩特地区所处的地理位置夏热冬冷，在严寒的冬季，蓄热和采暖成为传统民居最为需要解决的问题。为了达到居住空间温度宜人的条件，传统民居建造时就地取材，采用当地非常厚的土坯作为外维护结构，多数地区建造方法是墙体外侧抹草泥浆作为保护面，根据不同的收入情况，有的会在墙体外侧包一层灰砖作为保护层。墙体厚度一般都在 45 厘米以上，个别地方能够达到 60 厘米。房屋顶面一般是在木椽上铺薄木板或细柳条，再覆盖厚重的草泥或麦秸泥。传统民居建筑具有节能保温的特点，能够适应这种冬夏温差较大的气候。

装饰构件上，院门的门楣，屋顶的瓦当、脊兽、滴水，屋身的柱、梁、枋、墀头、门扇、窗扇等都有不同程度的装饰。雕刻纹样沿袭了山西的传统雕刻模式，并且结合了当地的蒙、满、回等少数民族的特色。正房南向窗通常做得比较大，为了增加窗的抗风能力，窗下半部分结构简单，窗户上半部分的图案样式丰富，百姓将内蒙古中西部的剪纸艺术运用到窗饰上，所以窗格装饰乡土气息比较浓。随着时代、制作工艺的发展，近代有的直接做成大玻璃窗户。

6．典型案例

此处所介绍的四处民居都处于明隆庆六年（1572 年）建设的归化城，即现在的呼和浩特"旧城"。清代时期，归化城主要的旅蒙商号有很多，如大盛魁、元盛德和天义德等。商业的兴盛使得呼和浩特传统民居有了很大的发展。这四处民居分别为小召后街 18 号、小召后街 37 号、曹家大院以及田氏旧居。前两处原位于呼和浩特市玉泉区，现已拆除；曹家大院原位于呼和浩特市回民区宽巷子，现迁至明清博览园内；田氏旧居原位于旧城小北街 58 号，现迁至明清博览园。

（1）小召后街 18 号

房主姓安，做卖布的生意，后居住在山西，据房主介绍，他是从刘姓手中买入（以上资料搜集于20世纪90年代）。此房有100余年，清末建造，现已拆除。

四合院布局，坐北向南。正房、厢房、倒座间阔为五三三制，大门在东南，东向，三步台阶。大门宽 2 米，进深 1.5 米，门框高 2.3 米，门高 1.8 米，砖构，石门槛，内侧叠涩砖檐顶，无椽飞，外侧仿木制得椽子、飞椽、荷叶垛。

正房进深 4.7 米，共五间，每间开间 3.15 米，窗棂"万"字锦，一出水（单坡），筒瓦，硬山顶，步步锦（门窗形式）。正脊中心为梅花脊，两侧为鱼鳞脊。西厢房开间 2.6 米，共三间，东西厢房已改造。（图 3-80）

图 3-80　小召后街 18 号现状及细部图

（2）小召后街 37 号

房主姓胡。后改为大北街银行宿舍。建筑正房开间 2.9 米，进深 4.3 米，一出水（单坡），硬山顶，筒瓦，正脊饰为鱼鳞，窗棂上雕刻石榴、兰花、佛手。正房窗棂四岳脚，西番莲花，中心为对角砌的方砖。

东西厢各五间，正脊中心为梅花脊，两侧为鱼鳞脊，挑檐为木质。厢房为五花山墙，硬四角，墙中心为土坯，厢房后墙与正房之间的挡风是蜂房式挡风墙（六边形）。西厢盘长式门上棂。

影壁嵌砌在东厢房南山墙内，影壁上为银锭脊；仿木制的椽子、飞椽现已残破；仿木制的斗栱，共四攒。柱头科斗栱五升，饰龙头，垂莲柱，壁内连珠纹边饰（图 3-81）。

图 3-81　小召后街 37 号现状及细部图

（3）曹家大院

建于清同治五年(1866年)，为布局严谨的典型四合院，是河北籍回族驮运大贾曹氏家族的内宅之一。其创建的德厚堂与大盛魁、元胜德、天意德号称"归化城四大商号"。现已迁至明清博览园内。

整个院落是一个标准的四合院，南北34米，东西22.5米，院门设在整个院落的东南角，南向开门，门宽1.5米。正房，坐北朝南，面阔五间，进深一间，开间2.9米，进深4.5米，屋顶为单坡硬山式，瓦当为筒板瓦，正房门窗均上绿漆进行装饰。

东西厢房各三间，面阔3.1米，进深5.1米，厢房正脊鱼鳞纹饰，屋顶为前长后短硬山式(俗称鹌鹑尾式)，正脊为素脊；门窗均上绿漆进行装饰。倒座三间，屋顶为单坡硬山式；门窗均涂上绿漆进行装饰。影壁设置在东厢房南墙里，仿木质的飞椽、椽子；此院落原本为两进院，现仅存里进院。(图3-82)

a 曹家大院大门

b 大门细部1

c 大门细部2

图3-82 曹家大院

d 曹家大院正房

e　正房侧面外观

f　曹家大院东厢房

g　屋脊细部

h　房檐细部

i　正房山墙

j　槛墙

k　门窗

l　门窗与飞檐

m　室内空间

n　正房室内与院子的关系

图 3-82　曹家大院
（续）

（4）田家大院

建于清代咸丰年间，门楼造型精巧，园内建筑瓦作独特，是典型的中门四合院。现已迁至明清博览园内。大门居中，大门宽2.3米，进深6.2米，门框2.4米，门上挂牌匾，排山沟滴，正脊侧脊均施吻兽，大门内设影壁，影壁为砖构，素高脊，筒瓦，上辟"福"字。

a 影壁墙侧面

正房面阔三间，进深一间，正房三间均设三步台级，门连窗，屋顶为双坡式，屋面设置烟筒四个，银锭脊，墀头的装饰为砖雕荷花纹。东西厢房均面阔三间，进深一间，两步台级，门连窗，双坡屋顶，屋面设置烟筒四个，墀头不设装饰，用砖砌出线脚。东西倒座对称，东倒座现为厨房，西倒座现为卫生间和杂物间，东西倒座后墙均设三面六边形窗。（图3-83、图3-84）

b 影壁墙背面

c 倒座1

d 倒座2

e 正房立面

图3-83　田家大院正房及倒座

a 厢房立面

b 厢房侧立面

c 门窗细部

d 内部构造

e 厢房屋顶

f 厢房细部

图 3-84　田家大院厢房及细部构造

（二）包头市晋风商宅

包头是中国近代一个非常重要的商业城镇、水旱码头和西北皮毛集散地。受当年走西口的影响，内地的很多汉人来此。他们在包头修建商宅、店铺、庙宇等，使得受走西口影响较大的包头古城逐步形成，"先有复盛公，后有包头城"就是当时包头的古城形成受晋商影响的生动写照。（图3-85）

1.区位沿革

包头地处中国北部边疆，位于内蒙古自治区中部，背依阴山，面朝黄河，南通鄂尔多斯市，西北与巴彦淖尔市相接，东北与乌兰察布市相邻。扼阴山阙口，有黄河水运与驮运之便利，是连通我国西北门户与咽喉要地，地理位置重要。

"包头地理坐标为东经109°15′12″~111°26′25″，北纬40°14′56″~42°4′49″。地处中纬度地带，远离海洋，深居内陆。地貌分为三种类型，即北部丘陵高原、中部山岳、南部平川。"[17]包头整体地势北高南低，由北向南倾斜。北朝民歌中描述的"敕勒川，阴山下，天似穹庐，笼盖四野。天苍苍，野茫茫，风吹草低见牛羊。"就包括这一带。包头属半干旱中温带大陆性季风气候，年平均气温6.4℃，最冷月平均气温-12.6℃，最热月平均气温22.8℃。年降水量311.5毫米。夏季炎热而冬季寒冷的气候和较少的降水量对包头市的晋风商宅产生了重要影响。

包头市所处的黄河以北、阴山以南一带地处山南水北、宜农宜牧，是草原游牧文化与农耕文化交错的地带，一直是北方少数民居与中原汉民族争夺之处。历代的王朝都非常重视包头这一地区，在这里修筑过长城，设置过郡县，建设过城池，安置过移民。但是，随着游牧民族与农耕民族势力的此消彼长，这里的建制时常更替，变化频繁，土地时农时牧，人口时增时减，固定村庄和城镇一直也没有发展起来。明朝中叶，包头成为成吉思汗的十七世孙阿勒坦汗的土默特部游牧之地。清朝初期，包头市北梁地区博托河一带成为蒙古族巴氏家族户口地，清康熙年间，巴氏家族在北梁修建了藏传佛教福徵寺为家庙，这时就有走西口的移民租种巴氏家族的户口地，播种粮食、盖房建屋并渐成规模。巴氏家族也由此逐

图3-85　包头市北梁地区西门大街一带（来源：包头规划局）

渐放弃了逐水草而居的游牧生活。清乾隆年间，包头形成村庄并逐渐发展成一个大村落，最早受萨拉齐厅管辖。在清嘉庆十四年(1809年)成为重要的商业集镇，包头村改名为包头镇。清同治初年，陕甘回民起义，清政府派大同总兵马升进驻包头，清同治十二年（1873年）建成砂土夯筑城垣，包头居民大部分居住的城北高起的台地俗称北梁。由此形成了近代包头城镇的雏形。清末至民国时期，包头成为重要的"水旱码头"（图3-86）和西北重要的皮毛集散地(图3-87)。尤其是在民国12年(1924年）平绥铁路通至包头，包头的重要地位进一步加强。民国14年(1926年)，设包头县。1937年，抗日战争爆发，包头被日本侵占，并在1938年改为包头市。1949年，包头和平解放。1954年，绥远省和内蒙古自治区合并，包头市成为内蒙古自治区辖市。

2.城镇格局

包头城的城墙由包头总兵马升历时五年于清同治十二年（1873年）修筑完成，由此奠定了包头城市空间的基本格局与框架。包头城的城墙由砂土夯筑而成，周长约7公里，城墙高约5米。整座城垣设东门、南门、西门、西北门、东北门五处城门，城门高约5米。由东门可通向归化、大同、张家口一带并进入京津地区，出南门可由南海子码头通过黄河水运将货物转运连接至沿黄河各地，出西门经西脑包就可进入河套平原以及银川、兰州等西北各地；旅蒙商的骆队出西北门便可翻越阴山进入蒙古腹地；东北门则通向煤炭储量丰富的石拐地区。（图3-88）

包头城背靠青山、头冲黄河、北高南低、五道城门的格局就被附会成为一只饮水的火蛤蟆，蛤蟆的头和四肢分别占据金、木、水、火、土五行的五个方位，而蛤蟆在中国古代又具有聚财之意，反映出民间对于因商而市的包头的一种美好联想和期望。包头城内的居民大部分住在城北的台地上，俗称北梁。北梁又分为召梁、东营盘梁、真武庙梁、黄土梁、西营盘梁、吕祖庙梁等人口相对集中的不同部分，下雨时雨水顺着梁间的深沟流下，最后汇入城南的黄河。

包头城的街道格局多为自然形成（图3-89、图3-90），城内多数街道由于地形起伏而蜿蜒曲折，多是以东西走向为主、南北走向次之。很多大街小巷都是由街上的商铺等命名的，反映了旅

图 3-86　包头黄河边南海子码头（来源：《亚东印画辑》）

图 3-87　包头城内的晋风商宅与纺车（来源：《亚东印画辑》）

图 3-88 包头老城（图片来源：《亚东印画辑》）

图 3-89　包头市召梁头道巷

图 3-90　包头召拐子街

图 3-91　包头市财神庙及戏台

图 3-92　包头市吕祖庙吕祖殿

蒙商人对于包头城的重要影响，如大顺恒巷因巷内7号院有商号大顺恒而得名，大顺恒为清末民初时一家经营牲畜、皮毛、百货等的旅蒙商号；富盛明巷因巷内原有富盛明商号而得名，富盛田为清光绪年间回族胡氏家族开设的米回油料加工的商号；复兴玉巷因巷内原有清咸丰年间贾氏家族开设经营屠宰兼营牲畜、皮毛等的复兴玉商号而得名；还有街道以地形、寺庙、人名等方式命名。东门大街是包头最早的大街，也是包头非常繁华的街道之一，全长868米，宽7米。东门大街的当铺、货栈、药店等商号云集，繁盛一时。

包头地处偏远，政府管辖不力，有很长一段时间处于商会自治的状况，"九行十六社"就是当年繁华商业自治的写照。商人聚行结社、信仰开放、文化交融、相对自由。各行各业都有自己的行业社团，有实力去筹集资金建设各行业所信奉的殿堂庙宇和戏台（图3-91）。商会定期举办庙会唱戏，展示商会的实力。这些寺庙往往也成为汉族民众来包谋生和安家落户后各种信仰的缩影。老百姓心理所信奉的各路神灵，都可以找到相应的庙宇去朝拜。大仙庙、吕祖庙、关帝庙、财神庙（图3-92）、真武庙、金龙王庙、城隍庙、龙泉寺等应有尽有，旅蒙商为保牲畜平安还建有马王庙。庙宇的形制有汉式、藏式和汉藏合璧式等呈多种式样。民国时期，始有基督教堂和天主教堂的建设，人们多从中求得心灵的慰藉。各宗教共存，相互之间比肩相望，反映出当地的一种多文化交融的开放、包容心态。

3. 院落布局

包头地处边疆，移民杂居、军阀混战、土匪横行。早期的包头城还没有城墙，清同治十二年，才修建了包头土城墙。所以包头的晋风商宅带有非常强的防御性，墙体往往较为厚重，外墙开窗较少。一些晋风商宅远离繁华的闹市区，仅在主要街道建一些商铺，而将其主要的商宅和财力放在一些相对比较偏僻幽静的小巷子中以避灾祸。（图3-93）

包头晋风商宅多以四合院为基本样式进行布

置，常为一进院落，院落开敞，尺度舒适，少有多进院落（图3-94）。包头夏季炎热而冬季寒冷，所以包头的晋风商宅院落基本成方形，院落内正房、厢房很少有外廊，便于直接接纳更多的阳光来取暖。院落内没有刻意做排水暗沟，只是院子内部处理为北高南低，两边高中间低，便于自然排水。污水随着包头城北高南低的地势沿着沟排向护城河，最后汇入城南的黄河。

内蒙古包头地区降雨量较少，故屋顶坡度平缓，这样可以便于晾晒粮食和货物，屋顶上有花栏墙维护。屋顶常为一出水单坡，但是在屋顶后部往往做短短一小截收头，当地人称之为"鹌鹑式"屋顶，这与晋北大同等地非常相似。

商宅的居住功能是次要的，人口结构以老板和佣人为主。其主要功能是接待客人、洽谈业务、储藏货物等。所以，晋风商宅不太强调院落的空间深远，常采用高大的砖砌拱门洞与方形门洞，便于人、骡马和货物的出入。大门是整个院落的门面，是主人身份与地位的象征，是整个院落空间序列的起点和重点，所以常做得比较气派（图3-95）。

晋商与外界频繁接触使得山西民居中非常重要的影壁逐渐远离主入口，常做于主入口正对的厢房山墙上（图3-96），以保持开敞流畅的商业交往空间。影壁的功能性与精神性虽然退居次要位置，但是受山西传统文化的影响，影壁仍是民居中雕饰最为精美的部分。

包头的商宅多采用土木结构，先立架，后砌墙，墙体采用"外熟内生"的土坯墙外包砖，冬暖夏凉、造价低廉。正房通常五到七开间，甚至有十一开间。屋檐出挑有椽子、飞椽，有影壁、墀头等，雕刻精美。包头的四合院内，一般正房为柜房，是掌柜的办公、住宿用房，东西厢房为账房、伙计们的办公用房和住宅；南房为厨房、货仓间。大门洞采用半圆形砖拱的形式，体现出了山西的建筑风格与塞外生活的完美结合。[18]（图3-97）

包头市长黑浪16号杨家大院就是这样一处典

图 3-93 包头市召梁二道巷图

图 3-94 包头市北梁地区晋风商宅（来源：《包头城市建设志》）

图 3-95 门洞（左）

图 3-96 照壁（右）

图 3-97 包头召梁巷 2 号曹家大院平面图

a 院落现状

b 正房南立面局部　　　　c 东厢房立面局部　　　　d 墀头　　　e 鹌鹑式屋顶　　f 室内中堂

h 院落平面图

g 入口南立面

i 正房南立面图

j 西立面图

图 3-98 包头市长黑
浪 16 号杨家大院

型的院落。院落的外墙没有向外开窗，东南角开口进入。正房是内地较为少见的六开间，典型的鹌鹑式屋顶，东西厢房均为五开间。院落布置宽敞又不失紧凑，有相对精致的砖雕，在整个北梁地区都较为少见。（图3-98）

4.室内空间

内蒙古地域辽阔、土地肥沃、人少地多，所以迁徙而来的汉族有充足的条件建立尺度很大的院落。单体建筑也变高，在冬天寒冷以吸纳更多的阳光。但是为了节能，室内的高度没有发生太大的变化。内蒙古夏季炎热而冬季寒冷，使得在院落中举行一些家族活动的可能性下降。中原地区以院落为中心的活动转入室内。

包头的儒家文化所推崇的礼制虽然淡化了很多，但是汉人骨子里的长幼尊卑等儒家情结还是存在的。汉族居住的正房中的厅堂通常与卧室合起来共用，对祖先和神灵的祭祀由室外转移到了室内。因为最早走西口来内蒙古都是以青壮年为主，所以家庭结构单一，很少有老人长辈，所以他们往往从经济性考虑将厅堂和和卧室合二为一。讲究一点的家庭其室内摆放有序，入口是一个开敞的空间，有明清时精致的几案、座椅，正中靠墙有油漆一新的红躺柜，上面摆放着神灵的雕像，多以关公像为主，墙上是父亲及其他长辈的挂像，有的家庭在墙上两边高高挂着大大的楹联。（图3-99）

5.材料构造

包头晋风商民居中使用的材料为当地的土、木、砖、石等传统材料（图3-100）。包头靠近黄河，有丰富的黏土资源来制作土坯并烧结砖瓦。故包头晋风商宅中多使用青砖来砌筑建筑的外墙，采用磨砖对缝的砌砖工艺，白灰砂浆粘合，远远望去就像是无数条平行的细线，当地人称之为"有缝不见缝"。

木材大多选用当地原有的一些杨树、柳树、红柳，但是用于梁柱的松木则多依靠便利的黄河水运从外地运来。石材取自于不远处的大青山脚下，常用在地基、门口和台阶等一些承重和转角部位，以增加建筑的耐久性和稳定性。

图3-99 包头市晋风商宅典型室内布置

图3-100 包头市晋风商宅中的建筑材料

图 3-101 包头市晋风商宅的屋顶结构

包头晋风商宅中的外墙常采用"外熟内生"的青砖内包土坯墙，冬暖夏凉。屋顶通常铺有厚厚的一层胶泥，相当于保温层，而坡顶空腔所形成的空气层也能起到隔热保温的作用，加上外墙厚厚的砖包土坯墙的三面围合，只留有朝向院落的大面积向阳面进行采光。这种"气候边界"的处理使得民居产生舒适的冬暖夏凉的室内微气候，反映出晋风商宅在材料使用上的朴素观念与低碳节能思想（图3-101）。

图 3-102 包头晋风商宅中的图谱

6.细部装饰

大量汉地移民来到内蒙古，虽然环境改变了，但是受汉族根深蒂固的传统乡土情结思想的影响，使得他们仍然"操乡音、习乡俗、尊乡礼、建乡宅"。汉地的民俗风情、建筑审美也随着人口的迁移一并来到了内蒙古生根发芽并在建筑的细部装饰上反映出来。在建筑的重要位置常常有很多木雕、砖雕、石雕等雕刻作为装饰。同时，这些装饰往往带有浓厚的传统特征，如许多的丁字路口常常能看到"泰山石敢当"（图3-102）。

旅蒙晋商走南闯北，深入蒙古与俄罗斯等地贸易，见多识广，所以民居的雕刻装饰纹样在以山西传统雕刻为主的同时也常常融合了一些蒙古族与回族等少数民族特色和异域风情，反映出内蒙古晋风商宅开放和包容的心态。

晋风商宅采用木构结构，外立面的木门窗较少油漆，所以多呈现原木色彩。现在大部分的红漆和绿漆的柱子多是民国时期和新中国成立后的户主自己油漆的，因年代久远而变成了深红色和深绿色，原木的颜色配上青砖青瓦的大气，在夕阳的余晖中，也呈现出历史的别样韵味和光泽，令人遥想当年旅蒙晋商在内蒙古的辉煌。

（三）隆盛庄民居

隆盛庄镇坐落于丰镇市东北部，是乌兰察布地区最早的集镇之一。在其可查询的三百年历史中，隆盛庄不仅是古代军事战略要地，也是近代商贸路线上重要的集镇。此地拥有便利的优势、充足的水源、广泛的人员来往，使得此地成为重要经济通商要道上的商贸交易点。随着旅蒙商的到来，各行各业开始发展，在清乾隆末年商贸迅速成为该地的主要经济来源。隆盛庄也逐渐成为"旅蒙商"驼队商道的重要节点。

隆盛庄现存的民居建筑大部分在清嘉庆年间之后建造，可分为清朝时期民居、民国时期民居、新中国成立后民居。大部分的院落有将近上百年的历史，有的甚至更加悠久，且与晋北民居

图 3-103 隆盛庄民居倾斜摄影

相似。这是由于清末民初晋地百姓以及蒙旅商的到来，随之而来的除了晋文化之外还有如单坡、双坡、卷棚等建筑形式，使得隆盛庄地区得到了经济和建设上的发展，且由于隆盛庄地区的自然气候条件与晋北气候相似，常年干旱、少雨，使得晋北地区的建筑形式可以更好地与隆盛庄地区契合，在长期的发展演变中，经过不同的时期，最终形成了较为固定的民居形式。隆盛庄民居所保留的独特院落样式、建筑样式及更为独特的大门形制蕴含着非常高的历史价值。俄罗斯学者阿·马·波兹德涅耶夫曾路过隆盛庄考察，他所写的《蒙古及蒙古人》的译本上记载了如下内容："隆盛庄是从张家口到归化城的这条大路上最大的居民区之一，位于南碧河的两侧，有许多互不相连的山丘，这使它具有一种独特的风光。"（图3-103）

1.民居院落类型

此地民居多受晋北民居影响，并在装修风格上与晋中民居有着紧密联系，整个院落等级划分明确，布局严谨，正房、东西厢房、倒座、入口门楼及院墙部分围合组成了常见的四合院形式，但隆盛庄由于其为商贸村落，因此其民居的布置受街巷方向的影响呈现两种形式：一种为沿隆盛庄南北向的主、次街道呈东西向布置的院落，该类型院落多结合商贸功能，店铺临街，居住在后，且院落数量较少；另一种类型为沿东西向的巷道呈南北向布置，为传统的民居院落形式，但出入口布置灵活，随周边街道而定，该类型民居布局集中且数量居多，是隆盛庄民居的典型代表。

传统的四合院可分为单进式和多进式两种类型，并受其所处的位置、人口规模及财力等因素影响。由于隆盛庄的民居主要沿小巷道紧密排列，且由于该地区街巷系统呈现网格形状，巷与巷之间的距离比较近，因此隆盛庄大多数的四合院形制为单进式四合院，个别为多进式院落的形制。

（1）单进式

单进式是民居院落最常见的形式，也是一个基本单元。由于古镇地理的限制以及晋文化的影响，当地民居巷道都较为狭长，两侧布置民居，或有一侧作为民居院落背面。院落多为南北向布置，正门位于院落南侧墙体偏东。

（2）多进式

隆盛庄民居多进式四合院只发现两处，以二进院落为主。二进院落即有两个庭院，前院和后院。前院公共性较强，主要为会客区，后院私密性较强，主要为日常生活所用。

多进式院落民居在隆盛庄仅有少量发现。据调研结果显示，原有的数量较多。导致多进式院落并不多见的主要原因，是土地国有化后又重新分配土地，使得隆盛庄民居建筑院落大都被拆解为两个或者多个院落，或直接将建筑分为几个房屋出租给人们。这些新分配房屋也多有买卖、拆除及新建，从而多进院落被改造成若干个单进院落。即使是在一个院落里，也存在一栋建筑多个户主的情况。

2.民居建筑现状

此地民居建筑形态主要受晋北地区民居风格影响，不论是建筑造型还是院落的布置都与晋北地区民居有很多相似的地方。这里先将隆盛庄的民居建筑分为小南街居民区、东门居民区、清真寺巷北居住区、回民居住区和小北街零散住户居住区五大区域。其中小南街居民区为占地面积最大区域，东门居民区、清真寺巷北居住区次之，回民居住区与零散户居住区最小。

古建筑和古建筑院落保存最好的区域为小南街居民区，其次为回民居住区、清真寺巷北居住区，小北街部分零散住户居住区也有保存较好的民居建筑，东门居民区大部分建筑及院落等级较低，或已拆建成新的砖瓦房，或已坍塌，但也不乏保存较好的建筑，如大东街上的民居建筑。

以下所介绍的四处民居为一峰巷22号、一峰巷27号、元宝巷3号和元宝巷4号。前两个院落均为两进院，一峰巷22号现残存一进，一峰巷27号保存较完整。元宝巷3号和4号两个院落是隆盛庄民居中较为典型的四合院形制的民居建筑。

（1）一峰巷22号

一峰巷22号，院落坐北朝南，南北距离47.06米，东西距离21.37米。此院本为两进院，现已残毁，尚存合院形制。正房位于高0.35米的石质台基上，面阔21.37米，进深6.86米，高5.44米。前有廊，檐枋间施荷花墩，下部施卷草雀替廊，蚂蚱头雕饰精美，廊柱施以柱础，后期经改造加以外墙。单坡硬山顶，筒瓦保存完好，残存部分瓦当、滴水。东厢房已改造，西厢房部分已坍塌。

大门保存较为完整，面阔4.81米，高5.48米，板门保存完整，门钉部分遗失，门环保存完整。大门立面分上下两段，下段主要部分为券拱形门洞，门洞宽2.16米，高2.58米，两侧有突出的壁柱。券拱上方有两层线脚装饰，最外一层为砖雕竹节。券拱两端落在石质基础上，壁柱和屋檐连接处施以砖雕，两端有砖雕牡丹装饰。在门洞上方有一段砖雕仿垂花门装饰，保存较完整，但部分构件遗失。在其上有一砖雕牌匾，字迹已损毁不存，左右各有一方形砖雕装饰，装饰部分不存，仅存仰莲线脚。（图3-104）

图 3-104 一峰巷 22 号现状

图 3-104 一峰巷 22 号现状（续）

（2）一峰巷27号

一峰巷27号，多进式院落，院长为56.98米，宽为22.20米。本为两进院，后第一进院被改建，将过厅拆除后整合成一个院落。传统木构架体系，结构完整、装饰精致。正房保存较完整，坐北朝南，五开间，正房三开间，耳房两开间，正房高为6.35米，面阔为10.15米，进深为7.52米。西耳房高为5.78米，面阔为5.85米，进深为6.23米。东耳房高为5.77米，面阔为6.15米，进深为6.79米。二进院东厢房有破损，主体结构完整尚可使用，面阔为15.62米，进深为5.96米，高为4.92米。西厢房严重损坏，木构架基本完整，面阔为16.06米，进深为6.14米，高为4.86米。一进院西厢房已经改建为简易的库房，东厢房屋顶变形严重，面阔为15.44米，进深为5.72米，高为4.24米。（图3-105、图3-106）

正房屋顶为硬山式，正脊、垂脊、滴水、瓦当等较完整，正脊、垂脊部分砖雕精美，正脊两端鸱吻被损坏，屋檐雕刻细致。一峰巷27号为典型的多进式院落，具有可修复要素。

图 3-105 一峰巷 27 号厢房现状

图 3-106 一峰巷 27 号院落现状

（3）元宝巷3号

元宝巷3号，典型的四合院形制，坐北朝南，东西17.65米，南北24.73米。正房和西厢房保存较好，正房面阔17.65米，进深6.45米，高5.20米。东厢房已破坏，整体院落布局完整。正门入口保存原有的影壁，即东厢房南墙，影壁是砖砌结构，保留原来的清晰构件，建筑细部精致，在砖雕仿木式的做法上比较独特，在目前的隆盛庄比较罕见，唯独缺少佛龛。三开间，梁架脱榫、歪斜严重，西侧开间已近坍塌。（图3-107、图3-108）

图3-107 元宝巷3号现状

图 3-108 元宝巷 3 号正房及影壁细部

（4）元宝巷4号

元宝巷4号，典型的四合院形制，建筑保存较好。坐北朝南，东西17.20米，南北24.46米。正房和各厢房木构架保存较完整。倒座、正房、厢房同为单坡屋顶，其砖砌的"四角落地"的砖垛及土坯墙体的构造体现着传统做法。影壁，即东厢房的南墙，较好地保存在正门入口，细部精致，唯独缺少佛龛。（图3-109、图3-110）

图3-109 元宝巷4号院落现状

图 3-110 元宝巷 4 号现状

第三节　内蒙古西部地区

一、西部地区概况

从地理科学角度看，内蒙古西部地区主要指阴山－贺兰山以西的阿拉善盟高原（图3-111）。

图 3-111 内蒙古西部地区位置图（底图来源：内蒙古自治区自然资源厅官网　审图号：蒙 S（2017）026 号）

（一）自然地理环境

阿拉善盟地处内蒙古自治区最西部，境域东西长 831 公里，南北宽 598 公里，总面积约 27 万平方公里，占全区总面积的 22.8%，包括阿拉善盟 3 旗（阿拉善左旗、阿拉善右旗、额济纳旗）[19]。盟府驻巴彦浩特地处呼包银经济带、陇海兰新经济带交汇处，东与区内巴彦淖尔市、乌海市、鄂尔多斯市相连，南与宁夏回族自治区毗邻，西与甘肃省接壤，北与蒙古国交界，边境线长 734.572 公里。

这里地形呈南高北低状，平均海拔 900 ～ 1400 米，地貌类型有沙漠戈壁、山地、低山丘陵、湖盆、起伏滩地等，土壤受地貌及生物气候条件影响。著名的巴丹吉林、腾格里、乌兰布和三大沙漠横贯全境，面积约 7.8 万平方公里，占全盟总面积的 29%，这些沙漠中间还夹杂有多咸、淡水湖泊和盐碱草湖。贺兰山呈南北走向，长 250 公里，宽 10 ～ 50 公里，平均海拔 2700 米，犹如天然屏障，阻挡腾格里沙漠的东移，削弱来自西北的寒流。

阿拉善盟为温带大陆性气候，干旱少雨，风大沙多，冬冷夏热，太阳辐射充足，四季分明，空气湿度小，降雨量小而蒸发量大，蒸发量常常是降雨量的几十倍甚至上百倍。年均气温 6.8℃～ 8.8℃，由于受东南季风影响，雨季多集中在 7~9 月。降雨量从东南部的 200 多毫米，向西北部递减至 40 毫米以下，而蒸发量则由东南部的 2400 毫米向西北部递增到 4200 毫米。年平均光照时间在 2600 ～ 3500 小时以上，日照充足，年太阳总辐射量 147 ～ 165 千卡／千方厘米。多西北风，年均风速 2.9 ～ 5 米／秒，年均风日 70 天左右。

（二）文化历史背景

文字记载的阿拉善盟最早见于《史记·夏本纪》。古代把阿拉善盟额济纳旗北面的两个湖泊称为居延海或居延泽，即现在的嘎顺淖尔和苏泊淖尔。湖泊的南面是额济纳河，从南到北流经全盟。沿河两岸形成了长数百公里的绿色走廊，土壤肥沃，水草丰美。阿拉善即"贺兰山"，位于宁夏回族自治区与内蒙古自治区的交界处，是中国西北地区的重要地理分界线，在河套、鄂尔多斯高原和阿拉善高原之间形成了一个天然屏障，素称"关中屏障，河陇咽喉"。

黄河以西的贺兰山脉至额济纳河流域之间是历代北方少数民族的游牧地，贺兰山以东是汉民族政权管辖之地，阿拉善地区处于额济纳河与贺兰山一左一右的包围之中。秦汉时期，中央政府征兵数万到河西地区戍边屯田，其中一部分北置于今阿拉善地区，这次戍边使中原汉族第一次大规模地迁入偏远的阿拉善地区，移民带来的中原汉语为阿拉善地区方言的初步形成奠定了基础。[20]

1677 ～ 1698 年，和硕特部和土尔扈特部受清廷赏赐分别从新疆、青海和伏尔加河流域迁徙至阿拉善高原南部的贺兰山西麓和北部的额济纳河流域。1697 年和 1753 年，清政府分别在和硕特部和土尔扈特部两处设旗，直属清廷管辖[21]。至此，清政府开始对阿拉善高原统一管理，并对该地区游牧民族定居起到了较为关键的作用。一方面，清政府制定并实施了一系列推广喇嘛教的政策，这使得喇嘛教在内蒙古地区迅速传播，甚至形成了蒙古族"家家供佛像，事事求喇嘛"的局面[22]。另一方面,清政府在阿拉善旗设立"定远营"（图 3-112），其城池、建筑、街道的布局均仿照

a 1731 年前后的定远营

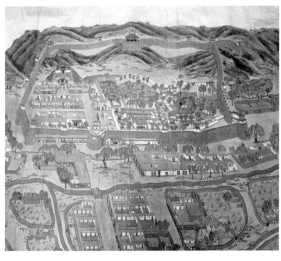

b 1831 年前后的定远营

图 3-112 定 远 营
（来源：阿拉善盟
博物馆）

北京城的式样。蒙古族部落首领与清政府长期联姻，加强了各代王爷及其近支与清廷的交流，并将北京的四合院建筑形式带入了定远营城内，逐渐形成一定规模的民居群。

清康熙以前，阿拉善地区的人口稀少，人口格局仍以秦汉时期中原地区移民后代为主，其他少数民族（主要是蒙古族）为辅。直到清朝，阿拉善地区经历了一次大规模的移民浪潮。大量甘肃民勤一带的移民迁入阿拉善中、北部地区。民勤古称镇番，地处河西走廊石羊河的中下游，拥有湖河退缩后形成的沼泽与天然草场，曾经是腾格里沙漠中少有的绿洲，宜农宜牧的理想垦区[23]。从明永乐到清乾隆年间，人口不断增加以及沙漠化的发生与蔓延，土地的容纳能力已经达到饱和。清乾隆年以后，民勤地区开始大规模人口迁徙，迁徙的路线"除向毗邻的阿拉善盟迁入外，远去新疆，近走河套"，其中绝大多数人都迁往阿拉善的中、北部地区，现阿拉善盟境内三分之一以上的人口系清末以来民勤移民的后代[24]。这次由甘肃省民勤地区迁入的移民基本上奠定了阿拉善盟中、北部地区的人口格局。

阿拉善盟左旗与宁夏回族自治区的银川市、石嘴山等地相邻，阿拉善盟政府驻地巴彦浩特镇与银川市的直线距离只有几十公里。现在巴彦浩特镇有很多居民因为生意原因由银川市或其附近地区迁移而来，两地联系非常紧密。

二、阿拉善高原地区

阿拉善高原地区在亚洲大陆深处，属于干旱区，常年太阳辐射充足，降水量相对较少，空气湿度小，昼夜温差大且风沙较大。为了适应阿拉善常年干旱少雨的气候特征，传统民居建筑大都采用土坯墙、无瓦平屋顶样式，民居呈一字形坐北朝南排列，结构选用土木结构平房。由于阿拉善地区与甘肃河西走廊相接，在清朝有大量甘肃移民涌入，尤以民勤人居多，因此在阿拉善地区会见到似民勤街巷的院落格局。（图 3-113）。

而在阿拉善左旗的定远营，因在清代时仅供和硕特蒙古贵族、清朝贵族、旗政府官员以及上层的喇嘛居住，民国后开始有商贾大亨入住，后来逐渐发展为手工业和商业中心，聚集了大量的汉族（主要是来自山西、陕西、甘肃、宁夏等地的商人），民居院落完整，营建考究，具有京都合院建筑的特征，又受到宁夏、甘肃的影响，且保存相对完好，成为研究阿拉善地区民居建筑不可多得的样本。定远营具有官式特征的民居建筑，也对这一地区游牧民族定居后住房的形制产生了一定意义的影响。本部分着重对定远营的传统民居进行介绍。

（一）院落

阿拉善地区在清朝时期因受清政府的直接管辖，在定远营中传统民居建筑的布局方式受京师合院影响，有较为完整的规制。院落多中轴对称，

图 3-113　阿拉善右
旗民居格局

坐北朝南。依照宗法制度"以中为尊、长幼有序"的家庭居住模式，家庭中不同辈分的成员居住在不同位置的房间中。院落宅门居中布置，与京师合院大门开在东南有所区别。以正房及大门为核心，或附加厢房组成院落空间，并以此为基础，根据经济情况和社会地位不断衍生出多种布局方式。

1. 独院式

定远营的民居院落大多数是独院式，一部分院落形制严谨，由宅门、正房、耳房和东西厢房组成典型的三合院，这些建筑以宅门和正房所确立的南北轴线对称分布。其中正房作为整个院落的核心建筑，坐北朝南居于轴线低端，在两侧常有对称的耳房分布，院落东西两侧还会配有厢房，

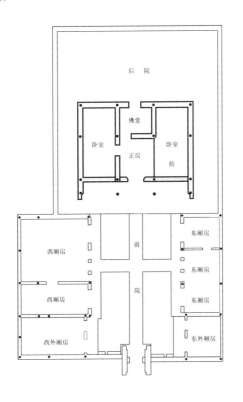

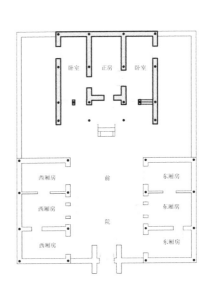

图 3-114 定远营三合院

图 3-115 没有厢房
院落（来源：张驭寰、
林北钟《内蒙古古
建筑》）

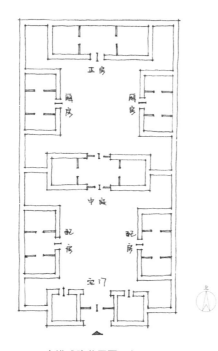

图 3-116 定远营院落　　a 多进式院落平面示意图

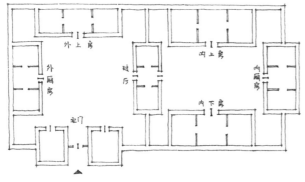

b 多跨式院落平面示意图

厢房与正房完全脱离。根据院落等级不同，有的厢房靠宅门一侧也可连接一个外厢房，形成厢房 + 外厢房的三合院形式（图 3-114）；而有的则没有厢房，以入口两侧，面朝正房的耳房取代，单侧或对称式布置（图 3-115）。不同于北京四合院宅门开在院墙东南侧，当地宅门开在南侧院墙正中，常做成精致的门楼。

从建筑高度上来看，正房建筑高度最高，其次是东西厢房、耳房、外厢房。整个院落大致方正，没有倒座、门房，各建筑房门均开向院落，既保持联系又对外私密。

2. 多进或多跨式布局

定远营较有财力或地位的人家会将上述独院式民居沿横向或纵向重复组合，形成多跨或多进的组合形式。多进式布局是在独院式的基础上沿轴线纵向扩展院落的布局方式。院落总体呈纵长方形，分为前院 - 正院 - 后院。前院位于整体最前面，作为过渡性的空间，主要用于接待、庆典之用，修建考究，观赏性较高。内院处于整体中部，作为家庭成员主要起居、生活的空间，占据中轴线上最核心的位置。为保证安静雅致的氛围，外人很少进入，私密性较强。后院在中轴线的最末端，有的作为仆人生活杂务之用，也有的作为饲养、仓储等后勤保障之所。

多跨式布局是为了满足更多的使用需求，将四合院沿开间方向扩展。定远营地区较有财力和地位的人家，常常将两个小院子横向并联组合在一起，或者在主要院落旁再接出两个对称的院落，称为偏院，大多数为晚辈以及佣人生活居住的场所，可以根据住户需求灵活布置。例如，巴彦浩特镇牌楼巷一处民居，其院落最初为横跨两院式，分正院与偏院，各院落均有正房、厢房，用过厅连接两个院落，正院开阔，上房明间主要为会客和礼佛之用，主人居于次间，厢房也为居室，偏院主要供晚辈居住或各项杂事之用。（图 3-116）

（二）单体建筑

在定远营的传统民居院落中，根据主人的地位与财力，会在正房与院门相对的轴线中，延伸

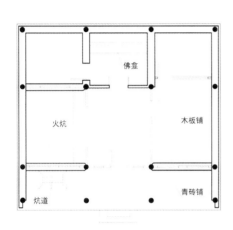

图 3-117 正房平面图 图 3-118 正房佛龛

图 3-119 正房外观（来源：张驭寰、林北钟《内蒙古古建筑》）

图 3-119 正房外观（续）

图 3-120 正房室内火炕

b 耳房立面

c 耳房外观

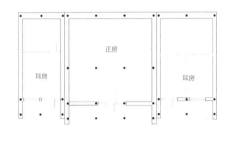

a 耳房平面图

d 耳房外观

e 耳房室内隔断

图 3-121 耳房

出各种等级的院落，院落中的建筑包括正房、耳房、厢房、外厢房。它们在整个院落中的位置与功能各不相同，建造形制也有明显区别。

1. 正房

正房是整个院落轴线上的主体建筑，定远营中民居的正房多为面阔三间，进深三间（带廊），中部开间设门形成一明两暗的平面格局。中间北侧常设佛堂，两侧各设一间卧室，通常其中一侧或两侧会以木质轻型隔墙作隔断，内部空间灵活开敞。中间的明间是家庭成员重要的活动场所，可供会客、起居、庆典之用，两侧的卧室供家中的主人或长辈居住（图 3-117、图 3-118）。正房地面高于其他房间，一般室内外高差为三步台阶。房屋采用梁柱平檩式构架，砖墙或生土墙仅为围护结构，背面及山墙为 400 毫米厚土坯砖墙，墙面基本不开窗，蓄热性能好。正房正立面中间开门两侧开大窗，一般为各式雕琢精致的木质窗框，给人以通透、轻盈的效果。受甘肃民居形式的影响，正房常设檐廊，檐廊较深，两侧山墙通

常延伸出 1.3 米～1.5 米，与顶部屋檐和底部台阶整齐相接，正面以两柱等分为三间，形成了室内外过渡空间（图 3-119）。

阿拉善地区属于严寒地区，冬季寒冷，民居室内均设火炕，炕体内空，一侧通过炕洞与陷入地下的地炉连接，一侧在墙壁中设烟道直通屋顶，在室外地炉中生火，火进入炕洞，炕床得热，烟气再经由烟囱排向屋顶。（图 3-120）

2. 耳房

耳房通常设在正房两侧，左右对称，如同正房的两只耳朵，所以称为"耳房"，根据院落规模，耳房可设可不设。耳房一般也为一层，地面高度及屋顶一般低于正房，有时也做檐廊，主要作为卧室、伙房、仓库等辅助空间。作卧房时，室内用各式木制隔断分割，并留有火炕，铺设木地板。耳房与正房相连，所以选用的建筑结构、建筑材料和装饰装修大都与正房保持一致，突出主体建筑的地位（图 3-121）。

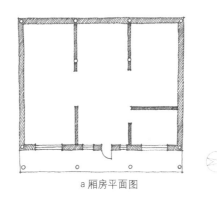

a 厢房平面图

b 厢房斜向支撑

c 有檐有柱的厢房

d 有檐无柱的厢房

图 3-122 厢房

3.厢房

院落布局上，厢房一般位于中轴线的两侧对称布置，地位次于正房，多数厢房朝向院落一侧带有檐廊，两侧山墙没有凸出，檐柱不落地，采用吊柱的形式，在外墙立柱与出檐的吊柱间加了一个斜向支撑构件，运用三角支撑原理达到结构的稳定，这样的结构形式既实现了力的传导又可以节省材料。有的厢房同正房一样有檐有柱，有的厢房则相对简单，有檐无柱。（图 3-122）

厢房一般为三开间，供晚辈居住或作为储物、厨房等使用。地位次于正房，所以开间数小于或等于正房开间数，建筑高度、立面装饰、建筑材料等级都不得超过正房。院落东西厢房的方位有尊卑之分，通常东尊西卑，如果一夫多妻制，东厢房居正室，西厢房居侧室。厢房立面可根据空间尺寸和住户喜好灵活设计。面向院落的立面一般为土坯墙或沿底边和四脚包砖。土坯墙上开门窗，门窗有用木质过梁，也有用砖拱过梁的做法，窗户样式多采用支摘式壁板窗（图 3-123），通透开放，尺度宜人。

4.外厢房

民居院内也有在厢房靠宅门一侧另外加建厢房，称为"外厢房"（图 3-124）。外厢房与厢房布置方式一样，是厢房功能的延伸与扩展，较厢房更灵活，一般不超过厢房的建造等级，大的分三开间，小的分设半间到一间。外厢房通常不设檐廊，可延续厢房的建造风格，也可独立简单建造。

图 3-123 支摘式壁板窗

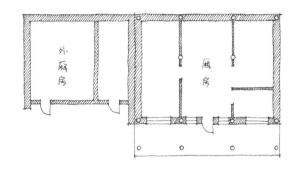

图 3-124 外厢房

外厢房临近厢房，一般将一侧外厢房作为伙房和炭房，而另一侧外厢房作仓库、厕所。由于外厢房一般隔院墙与街巷相邻，可将粪池隔院墙设于街巷中，利于日常清理污物。

（三）屋顶

屋顶通常在建筑表现中起着极其重要的作用，定远营内的传统民居建筑屋顶由于阿拉善地区常年干旱少雨、降水量稀少的原因，因此民居多采用平顶屋面，屋顶不铺设瓦，在靠近院落一侧设雨水口，形成有组织地排水。民居屋顶中常直接在椽上布板或苇席，然后抹草泥墁成平顶，待干后再抹层灰土，甚至还可以在灰土上抹石灰，最后在檐口处墁两到三层砖作女儿墙。

屋顶侧面一般采用没有出挑的硬山形式，通常山墙顶部先用砖砌成线脚，然后在表层抹灰，每层线脚都逐层向外出挑 3 ～ 8 厘米，这样不仅可以在降雨时避免雨水打湿山墙，而且能够产生立体的光影效果。

图 3-125 屋顶

由于地处严寒地区，室内均设火炕抵御寒冷，炕体内空，一侧通过坑道与墙外侧地炉连接，一侧在墙壁中设烟道直通屋顶[25]，在室外地炉中生火，火进入炕洞，炕床得热，烟气再经烟囱排向屋顶，所以屋顶上林立着各式烟囱（图3-125）。

（四）宅门

传统民居建筑中，进入院落的大门称为宅门。在阿拉善地区独特的自然条件、民族文化、历史演变过程中，民居中的宅门也渐渐形成了具有当地独特风格的形式。它往往代表着居住者的地位、财富等，所以宅门的建造形式具有清晰的等级性。不同身份的主人宅邸的宅门外形的大小、高低、屋顶形式、装饰样式等均不一样。定远营中身份尊贵的王爷府邸往往规模宏大，其宅门用屋宇式大门，有门房、门厅等，一般三开间，居中设门，入口向内凹进，大门设在外墙向内约为房屋进深的二分之一或三分之一处（图3-126）。一些贵族及上层喇嘛的住所，他们拥有较高的地位，但又不能逾越王爷府邸的规格，其宅门往往不设门房、门厅，直接在院墙正中开门，但做有门楼，装饰精妙，被当地人称为"门楼门"。其他等级较低的宅门大多采用墙垣式门，这种小型院门随墙而开，主要由门楣框、屋顶和门扇构成。因此，在阿拉善定远营传统民居中，除王府之外的民居建筑，宅门可以分成门楼式大门和墙垣式大门两种，而在阿拉善其他地区普通百姓的民居中，以墙垣式大门为主。院子宅门为双扇门，为了防沙遮阳，近院一侧的屋檐较深。民院宅门早期常用简易的生土和木材搭建而成，后期逐渐改用砖砌。

（1）门楼式大门：门楼式大门大多数用在贵族或有一定地位的喇嘛宅院，在院墙正中开门，设门楼，顶部起脊，或者受游牧文化影响，演化成卷棚顶，形似马鞍，四条垂脊连接两面坡顶，

图 3-126 屋宇式大门

图 3-127 门楼式大门

两面坡相连处的弧线形如卷席状，因此也叫元宝脊。大门的门扇与院墙位置一致，脊部各处细节精心装饰，使用精美的浮雕图案，纹样大多为麒麟牡丹样式，用以象征吉祥富贵。（图3-127）

（2）墙垣式大门：墙垣式大门是一种普通的小型院门，主要以砖土材料为主，虽然等级略低，但小巧而灵活，通常屋顶可随主人喜好做成各种样式。有马鞍式的院门，它的屋顶曲线柔美，类似马鞍，体现了游牧文化的地域特征，此外还有叠涩式院门，通常用砖逐层出挑叠涩成顶，小巧玲珑，造型简单大方，还有一种简单的平屋顶墙垣式门，顶部不起脊，用泥抹顶、用砖压边而成。在阿拉善其他地区的普通民居中，在近代多在倒座凉房的高墙上开有门洞，以砖垒砌成硬山单坡顶，并稍凸出墙面。（图3-128）

（五）结构形式

定远营中院落民居多以木质构架作为主要承重体系，砖墙或生土墙为外部维护结构。这种结构体可分为两种：一种是木构架承重，包括抬梁式和梁柱平檩式构架，一般墙中设柱作为主要的

图3-128 墙垣式大门

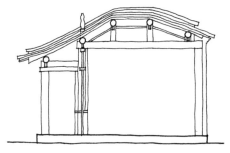
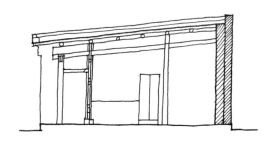

图 3-129 民居结构
形式 1

a 抬梁式　　　　　　　　　　　　　b 梁柱平檩式

图 3-130 民居结构
形式 2

承重构件，再铺以砖、土坯等建筑材料围合。其中，梁柱平檩式构架建筑屋顶不起脊，柱上架梁，梁上放置檩条，这样的搭建会减少梁的层数，相对节省材料。另一种是硬山搁檩式的墙体承重结构，两侧的山墙按照屋顶要求砌筑作为承重构件，檩条直接搭在墙上，此类房屋节省材料，但是抗震性能较差。在当地传统民居中，木构架承重体系多用于早期民居建筑中，而硬山檩式体系多用于后期民居建造中（图 3-129、图 3-130）。

（六）细部特征

由于定远营中所居住的人群具有较高的社会地位或财力水平，现在能在很多遗存下来的院落内见到装修考究、工艺精度高的各式构件；院落内木、砖、石等材料构件上经常刻有大量精美的花纹和图案。院落中最精美的雕刻一般集中在宅门、额枋及檐口下的垂花吊柱上，以增加美感，木雕以浮雕和镂空透雕为主，砖雕经常出现在墙心和墀头等部位。这些装饰展示出房屋主人身份地位的差异，同时也具有一定的地域特点。

1. 台基、地面

台基与地面都处在建筑物的下部，台基是用
来抬高建筑物整体高度的，通常四面用砖石砌筑，
中央以土夯实，面层铺以砖石，建筑外墙内铺设
室内地面。台基在封建宗法制度下有严格的等级
规定，是身份权利的象征，具有等级、伦理上的
意义，所以台基的装饰一般都与上面的建筑物尺
度保持协调，而地面分为室内地面和室外地面，
通常也是民居建筑装饰的一个重点。

（1）台基

在定远营的建筑台基大多为普通台基（图
3-131），一般认为台基包括台明和台阶，而台明
分为地面以上部分和地面以下部分，地面之上柱
脚以下部分一般用砖石包砌，不可见的地下部分
为埋入地下的基础部分。对于木构架来说，屋顶
荷载通过木柱传到台基，台基分散承受整个建筑
的重量，也就相当于现在建筑的地基部分。其中
台基四角的房角石好比一个坐标，借助它人们得
以确定建筑的位置和角度，从而使房屋建造牢固，
房角石还是整个建筑的定标高度与水平参照，决
定了房屋的平衡与否。在定远营较高等级的建筑
中，台明常采用砖石砌筑，四周先用青砖垒到所
需高度，在其中填土夯实，四边最上层压一圈条
石（图3-132），台明中部用砖石铺地即可。台
明因大都高于室外地面，所以通常还需要建造台
阶以便登上台明，台阶的形式在定远营常见的是
用条石垒叠的如意踏跺和垂带踏跺（图3-133），
其中垂带踏跺中的"垂带石"即台阶踏跺两侧随
着阶梯坡度倾斜而下的部分，多选用长形石条，
大都由人工凿刻而成，现在仍能看出凿刻痕迹。
阿拉善地区还因为房屋内大都采用火炕取暖，
所以在建造台明时，靠建筑外墙外侧位置会预留
一个下陷于地面的炕洞地炉（图3-134），地炉
直接连接室内火炕，穿过室内地面后顺墙体出于
建筑屋顶。

定远营中传统民居室外台阶的垂带端头地面
上，往往还放置一块造型别致的石块作为结束，
这个石块通常被凿刻成各式形状，有的还在石块
四周雕刻各式吉祥图案。

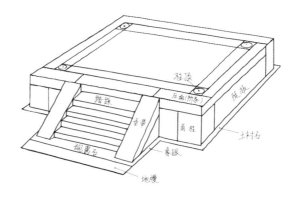

图3-131 普通台基

图3-132 条石台基

图3-133 垂带踏跺

图 3-134 炕洞地炉

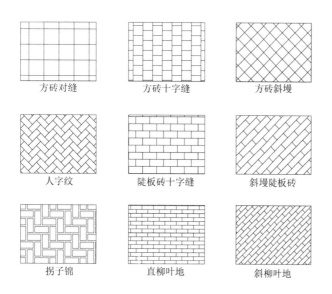

图 3-135 地面铺装

图 3-136 长方形条砖铺地

图 3-138 方砖铺地

图 3-137 木板铺地

（2）地面铺装

用砖石等材料对建筑内外的地面进行铺设，称为铺地，要求实用而美观。在定远营民居建筑中室内外地面常见的是用青砖铺就，这种以方砖、条砖铺就的室内外地面虽然没有花纹装饰，但也以砖块之间不同角度、大小、排列组合成形式上的变化，形成各式几何图案（图 3-135），如人字纹、十字缝、斜柳叶、直柳叶、拐子锦等，增加了视觉上的趣味。

墁地青砖多是用一种普通的长方形条砖（图 3-136），铺砖之前先打一层灰土底子，平铺之后用灰泥墁缝。更讲究一些的是方砖地面，方砖用特殊工艺烧制，上面有的还模印各种图案，排列于地面之上形成美观的装饰效果。

室内地面还有一种常见的做法是用木板铺地（图 3-137），即用长条木板横竖交叉铺成，一般一排纵向木板和一排横向木板交换使用，使室内地面柔软舒适。

室外地面铺装的材料和方法也多种多样：庭院中的甬道一般用方砖（图 3-138）；民居巷道多用青石砖；院内小路则多采用鹅卵石，并时常与破砖、碎瓦交杂镶嵌成各式图案花纹，以讲究装饰趣味，自由活泼，素朴清新。

2. 墙体装饰

在定远营中墙体的装饰主要集中在山墙、檐墙、槛墙等处，装饰手法主要以砖雕为主，而且根据墙体位置的不同砖雕手法和纹案也不尽相同。

（1）山墙

定远营中传统民居的山墙装饰主要集中在墀头上，墀头装饰的做法中大多采用砖雕，装饰风格也是以古朴大方为主。在装饰手法方面有繁有简，一般为斜置的小幅砖雕，砖雕有用两块长条青砖拼磨雕成，也有用整个方砖雕刻而成，雕饰朴拙，简洁大方，有些民居建筑的墀头也有留白的做法，通常一个院落里的墀头装饰图案大都选取同一系列的纹样，如一组故事、一类图形，借用其明显的统一性来标明同一组建筑，墀头装饰的题材内容通常灵活多样、范围广泛，大多是一些能象征平安吉祥的图案。根据图案的内容，大致可归纳为动物类（图3-139a）、植物类（图3-139b）、文字符号类（图3-139c）和人物类四种类型。其中普斯贺纹（图3-139d）最具蒙古族特色，普斯贺是蒙古族对圆形图案的统称，是一种长寿符号。这些图案纹样都包含着各种吉祥寓意，表现了人们对美好生活的向往，对封侯拜相的渴望，对清高雅逸的追求，体现了中国传统建筑装饰文化的审美特征。山墙下部靠院落位置还常常用石材代替砖进行贴面，石材上一般按照主人喜好雕刻纹样，起到镇宅、装饰的效果。各式纹样大都以植物、瑞兽、文字等为主，其中具有蒙古族特色的是兰萨图案（图3-140）。

山墙靠檐廊一侧墙身也往往是装饰重点，一般有砖砌的哈那纹或手绘的山水图案等，也有以自然风景、羊皮兽样来展现民族地域特色的（图3-141）。

（2）檐墙

由于阿拉善地区处于多风沙严寒地区，所以为避风沙，传统民居的后檐墙一般很少开窗。装饰重点主要集中在前檐墙墙身部位，由于面向院落的檐墙一般都开有各式窗户，所以檐墙墙身装饰大多位于窗下槛墙。槛墙装饰手法多样，通常依照等级不同可以分为粉刷、雕饰、镶嵌、绘画

a 动物类

b 植物类

c 文字类

d 普斯贺纹

图3-139 墀头装饰

图3-140 山墙底部装饰兰萨图纹

a 山水图

图3-141 山墙檐廊侧装饰

b 哈那纹

c 羊皮兽样

等手法；王府等级的装饰内容则以哈那纹和各式吉祥花草等为主（图3-142）。

（3）其他墙面

除了山墙和檐墙外，定远营传统民居对墙面的装饰还集中在院墙、宅门墙体当中。院墙装饰一般出现在身份比较尊贵的王公贵族大院中，分为基座、墙身和墙顶，其中院墙顶一般用筒瓦铺设，檐口铺以瓦当滴水，尽显尊贵。宅门墙体的装饰主要出现在宅门山墙的墀头、下部和侧面，墀头大多喜用植物图案装饰，例如葡萄图案，取其多子之寓意，下部多用石材以保护山墙不被雨水淋湿，石材上大多有盘肠、兰萨等吉祥图案，在山墙上部侧面也常有各式雕饰（图3-143）。

3. 屋架

定远营民居建筑虽然大都外形朴实无华，但因其传承了京式的装修装饰风格，所以在建筑色彩的运用上，也形成了一定的模式。对于建筑屋架部位的装饰通常选用各种颜色的油彩对主要构件进行彩绘，如梁、枋、檩等，不仅能够使建筑屋架整体颜色多样而美观，还可以对木构件起到保护作用，增长其使用寿命。定远营传统民居建筑在屋架上的细部装饰主要有彩绘和木雕，其中彩绘按照装饰部位常集中在梁枋、天花、斗栱、椽望等处。

（1）梁枋装饰

定远营传统民居在梁枋等处往往有生动讲究的彩绘和木雕装饰，尤其在一些贵族的府邸里更因其身份尊贵而装饰华丽。

彩绘装饰在清代主要分布于梁、额枋、垫板等处，通常按照建筑等级、装饰纹样、风格特点而分为和玺彩画、旋子彩画和苏式彩画。其中和玺彩画主要以龙凤纹为主要纹样，搭配以各种祥云、吉祥花草图案，是等级最高的彩画，这种彩画只能用于皇宫建筑装饰；旋子彩画以圆形轮廓线条构成花纹图案，形似漩涡，画于藻头部位，旋子彩画大多为一个整圆和两个半圆组成，在此基础上也有很多灵活多变的变化形式，枋心部分的图案有龙凤、吉祥花草等，这种彩画广泛应用

图3-142 檐墙

a 哈那纹式檐墙　　　　　　　　　　b 粉刷式檐墙

图3-143 其他墙面雕饰

a 院墙顶部　　　　b 宅门山墙墀头的葡萄图案　　　　c 宅门下部"盘肠"纹石雕　　　　d 宅门侧面

于贵族等人家的宅邸中；苏式彩画较为随意，绘画内容形象生动，具有浓烈的生活气息，经常出现在江南私家庭院或小式园林中，体现了中国山水画的意境之美。

定远营传统民居中的梁枋彩画主要为苏式彩画，富户贵族大都用富于趣味的苏式彩画（图3-144），苏式彩画主要以山水风景、花鸟人物为纹样，清秀淡雅，文化底蕴深厚；还有的平民小宅院不施彩画，仅在梁枋上施以油彩装饰，但所选用的色彩大都较深，如暗红、土黄等，所以使梁枋油饰的整体效果透着点沉静。

定远营内传统民居在梁枋上通常还配有各式木雕花样，装饰的内容主要有荷、梅、回纹、卷草、鱼等，采用镂空、透雕、圆雕等多种手法，同时又用彩色漆绘，使梁架雕饰显得特别精致（图3-145）。檐下梁头也通常为了美观而雕成植物纹（图3-146）。

（2）柱子

定远营传统民居建筑，普通宅院中柱身很少有装饰，仅用单色涂刷，一般以暗红色为主。厢房檐廊下吊柱的木雕也是定远营传统民居细部装饰中的一个亮点，即厢房的檐柱不落地而采用吊柱的做法，柱头雕刻成花形。定远营中传统民居中的柱础形状常以圆形为主，雕刻很少。（图3-147）

（3）斗栱

定远营的传统民居一般无斗栱，柱上直接架梁檩等承托屋面，有的民居也出现斗栱作为装饰，这些斗栱大都木雕精细，分布于建筑的额枋之上，构件主要由坐斗、栱等组成，而且大都雕刻有祥云花草图案，每个柱头上一个，补间四个，在斗栱间还雕刻有镂空的各式植物图案，形态轻巧优雅（图3-148）。

（4）檐口

阿拉善地区的传统民居大都运用无瓦平屋顶式样，屋顶中央用草泥墁成平顶，檐口一般用条形青砖沿檐口顺铺三层，每层错缝，在檐口砖上抹泥，覆一层青瓦（图3-149），朝院落一侧隔一段距离留有一个雨水口，雨水口常用滴水铺设。有些宅院为保护檐口下椽头与侧面梁架，在檐口正面往往用木质的栏板遮盖椽头，侧面也用其遮盖梁架（图3-150），以防风雨侵蚀，这样的封檐板处往往也成了装饰的一个部位，其上通常刻

图3-144 苏式彩画

a 木雕花样

b 回字纹

图3-146 梁头

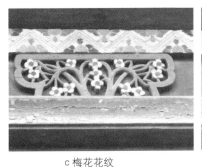

c 梅花花纹

d 荷花花纹

图3-145 木雕花样

有各种纹案，主要有花卉纹、云纹、犄纹等具有民族风格的图案。

4.其他构件

门窗是连通室内外的主要通道，也是丰富建筑墙体的一个重要手段，对比大片的墙体，门窗部位通常装饰细致、讲究。

(1)宅门

宅门是连通院落内外的主要界面，供人通行，也是主人的"脸面"，不同规格等级的门是不同身份、地位、阶级的象征。因此，门不光有实用功能性要求，还有等级的要求。对于宅门的装饰通常集中在门楣、门簪、门钹、门环和门墩等处。

门楣是指门上的横木，也是大门上部到屋檐以下的部位，是装饰的重点，等级较低的仅作方格划分，王府中的建筑会施以彩绘装饰（图3-151）。

门簪是头大尾小的木楔，是用来固定中槛与连槛的木构件，又称门龙，因其像妇女头上的发簪而得名。门簪的造型有周边带波浪边的，也有普通方形、六角形或多角形的，装饰时有素面的也有涂饰颜色的（图3-152）。门簪的色彩大多与门扇形成鲜明的对比，装饰效果醒目突出。门簪的花纹有荷花、菊花、梅花、牡丹等四季花卉，也有以吉祥祝词文字作装饰。

门钹是指设置于大门门板外侧中部的金属构件，门钹形状多样，造型别致，通常中间有孔，可挂门环。以门环叩击底座发声，用以敲门。也有的门钹做成兽面形（图3-153），如铺首的形象。

门墩是位于门板转轴下的构件，承托转轴使门扇灵活开启，在王府中的门墩会出现抱鼓石。抱鼓石中间为鼓形，上部雕狮子。狮子形态生动，或伏或卧或蹲于鼓上，鼓面上亦有浮雕装饰，花纹有牡丹、菊花、梅花、莲花、云纹、麒麟、鹿等，均雕工精致。定远营中等级较低的人家根据经济条件做门墩，有石门墩和木门墩之别（图3-154）。

图3-147 柱子

图3-148 斗栱

图3-149 檐口

图3-150 檐口挡板

图 3-151 门楣

图 3-152 门簪

（2）房门

在王府中多用隔扇门，隔心部分采用各式镂空图案，分为平棂和菱花两类，绦环板和裙板多采用浮雕，体现尊贵的等级。一般等级人家的宅门相对简单，除上部采光所需的窗隔划分外，下部的门板相对朴素（图 3-155）。

定远营传统民居建筑中室内经常使用隔断和花罩来分割空间，室内隔断样式灵活多样，通常将室内门结合隔断一起设置，在室内空间分割时还经常在佛龛、居室内使用各式雕刻精美的花罩用来形成软性隔断（图 3-156）。

由于阿拉善地区民众大都信仰喇嘛教，所以在其正房堂屋大都设有佛堂、佛龛，而且往往在佛堂门上精雕细刻，大都是一些关于佛的物件和故事，以体现虔诚的礼佛之心（图 3-157）。

（3）窗

定远营传统民居中的窗户形式多采用支摘式窗（图 3-158），窗户分为内外两层，内侧的为固定式窗格，上部一般窗格较密，糊以纸或纱，下部窗格较大，便于室内采光；外层窗也分为上下两部分，上部分一般为木板，冬季寒冷、风沙较大时将木板放下，防寒保暖，夏季时将木板下端

图 3-153 门钹

图 3-154 门墩

图 3-155　隔扇门

图 3-156　软性隔断

图 3-157　宗教装饰　　　　　　　　　　　　图 3-158　支摘窗

推出悬挂于室外的吊钩上。因其从京式支摘窗发展而来,京式支摘窗外层上部窗户推开时用一根竹竿将木板从下而上支起使用,所以叫作支窗。阿拉善地区虽不是支起的但也沿用京式叫法称为支窗。下部为摘窗,可以摘下,与支窗面积大致相等,但摘窗有格心。

在王府的院落殿堂中,多使用槛窗(图3-159),槛窗多位于槛墙上,由隔扇门的形式演化而来,所以其形式也与隔扇门相似。

(4)悬挂装饰

由于阿拉善地区民众的宗教信仰关系,定远营中很多人家在院内和正房前悬挂经幡,风吹经条一次,寓意念经一遍,日日悬挂,显示佛经日日在心中念动。有些人家还经常在门环上悬挂具有藏传佛教特点的彩色布条,一般以白、蓝、黄等色彩为主,还有的在室内张贴宗教图画,体现

图 3-159 槛窗　　　　　　　　　　　　　图 3-160 悬挂装饰

了浓郁的地域宗教特色（图 3-160）。

注释：

1　赵欣，刘艳. 内蒙古东部地区资源开发与生态环境现状研究[J]. 北方经贸，2015(4)：75-76.

2　赵欣，刘艳. 内蒙古东部地区资源开发与生态环境现状研究[J]. 北方经贸，2015(4)：75-76.

3　王帅. 内蒙古自治区赤峰市宁城县八里罕镇特色小镇建设纪实——塞外酒乡温泉古镇[J]. 小城镇建设，2016(11).

4　王旭. 关于内蒙古东部地区称呼的历史缘源[J]. 内蒙古民族大学学报（社会科学版），2012，38(3).

5　赵小波. 全域旅游视角下蒙东地区文化旅游发展的研究[J]. 赤峰学院学报(自然科学版)，2017(19)：149-150.

6　张嫩江，宋祥，张杰，等. 地域视角下的蒙东农村牧区居住建筑类型研究[J]. 干旱区资源与环境，2019(1).

7　张嫩江，宋祥，张杰，等. 地域视角下的蒙东农村牧区居住建筑类型研究[J]. 干旱区资源与环境，2019(1).

8　李宏，陈永春. 试论内蒙古东部地区汉族移民蒙古化现象——以李姓一家为例[J]. 前沿，2014(z1)：130-131.

9　绥远通志馆编纂.绥远志通稿[M].呼和浩特：内蒙古人民出版社.2007

10　绥远省为中华民国时的塞北四省（热河省、察哈尔省、绥远省、宁夏回族自治区）之一，全省辖境相当于今内蒙古巴彦淖尔市、鄂尔多斯市、乌海市的海勃湾区，海南区、包头市、呼和浩特市及乌兰察布市大部。

11　此为清代内地人民进入内蒙古地区之始，但政府规定不准在此地定居，春去秋归(后改为冬归)，号为"雁行人"。

12　段友文.走西口移民运动中的蒙汉民俗融合研究[M].北京：商务印书馆，2013：150.

13　旅蒙商是特指来自内地各省，专门从事蒙旗地区商业贸易活动的汉族行商，旅蒙商的主角是山西商人。

14　殷俊峰.走西口移民与绥远地区晋风民居的演变[J].史学月刊,2015(07)：133-136.

15　宋廼工.中国人口（内蒙古分册）.北京：中国财政经济出版社，1987：49-54.

16　李文，宝音，等.内蒙古自治区地理[M].呼和浩特：内蒙古人民出版社，1989.

17　耿志强.包头城市建设志[M].呼和浩特：内蒙古大学出版社，2007：3.

18　耿志强.包头城市建设志[M].呼和浩特：内蒙古大学出版社，2007：7.

19　阿拉善盟概况.阿拉善盟政府门户网站.

20　柯西钢.阿拉善盟汉语方言的历史成因[A].内蒙古社会科学(汉文版)[C].内蒙古自治区呼和浩特市：内蒙古社会科学院,2010.

21　马大正.卫拉特蒙古史纲[M].北京：人民出版社，2012.

22　邢莉.内蒙古区域游牧文化的变迁[M].北京：中国社会科学出版社，2013.

23　李万禄.从谱牒记载看明清两代民勤县的移民屯田[J].档案，1987(3).

24　李并成.人口因素在沙漠化历史过程中作用的考察——甘肃省民勤县为例[J].人文地理，2005(5)

25　郝秀春. 北方地区合院式传统民居比较研究[D]. 郑州：郑州大学，2006..

第四章　其他少数民族民居

内蒙古东北部地区依托大兴安岭的森林环境条件，是我国游猎文化的核心区域，这里生存着诸多在历史上以游猎为主要或辅助生产方式的少数民族，其中具有代表性的有达斡尔族、鄂伦春族、鄂温克族。除此之外，在大兴安岭北侧，边境额尔古纳河地区，还生活着一些俄罗斯与中国人结婚而繁衍的后代，我们称之为俄罗斯族。这些民族的传统民居依据生产、生活方式的不同，地理环境的差异，都具有较为不同的特征，下面我们依次对他们的传统居住方式进行介绍。

第一节 达斡尔族

一、族源族称、民族历史及分布

（一）族源、族称及分布

达斡尔族是我国人口较少的少数民族之一。据 2010 年第六次人口普查显示，共有人口131992 人，主要分布在内蒙古自治区、黑龙江省和新疆维吾尔自治区，其中以内蒙古自治区呼伦贝尔市莫力达瓦自治旗、鄂温克自治旗，黑龙江省齐齐哈尔市郊区为主要聚居区，其余的达斡尔人散布在吉林、辽宁和北京等省市。[1]

"达斡尔"是达斡尔族固有的自称，在 15 世纪以前，达斡尔被称为达奇鄂尔人，是半农半牧半定居的民族。至清康熙初年，才称"打虎儿"，在清代文献中还有达呼尔、打虎力、达呼里呼乌尔、达斡尔等不同写法，新中国成立以后，统一称为"达斡尔"，在索伦语中为"耕种者"。[2]

关于达斡尔族的族源，从清代以来就一直受到历史研究者们的关注，提出了多种达斡尔族族源的观点，目前主要以"契丹后裔说"、"蒙古分支说"、"蒙古同源说"三种观点为主。

第一种观点"契丹后裔说"，是国内有关达斡尔族族源讨论的主流观点。从清代起，许多文献史料就有达斡尔族族源于契丹的记载。比如，在《黑龙江志稿》中："达呼尔……契丹贵族，辽亡徙黑龙江北境"。《黑水先民传》、《呼伦贝尔志略》、《呼兰府志》、《满洲三省地志》等地方史志著作，也均认为达斡尔族为辽代契丹族的后裔。当代著名辽史专家陈述先生，曾撰写《试论达尔干族的族源问题》[3]，文章中从历史传说、语言材料、地理古迹、民间古谣、生产技术、社会组织、历史人物、人名屯名、宗教信仰、风俗习惯、族称由来、经济生活 12 个方面，论述了达斡尔族源于契丹的说法。

在外国，研究中国北方民族史的学者们，也大多持达斡尔族是古代契丹后裔的观点。日本著名人类学家、民族学家鸟居龙藏在《东北亚洲搜访记》中记载："多尔人，自昔本有文才，与蒙古人绝异，大有官吏之风，效忠于成吉思汗的耶律楚材，亦为多尔人。多尔人昔为契丹，辽之子孙，彼等亦自言。"蒙古人民共和国（今蒙古国）研究契丹史的学者，博·巴格那、贺·佩尔列等也持达斡尔族源于契丹的说法，佩尔烈写道："关于达斡尔是契丹大贺氏后裔一事，史学家们已作过很多论述。苏联人种学家叶·莫·扎尔金特支持了这一观点。"佩尔列在他所列的《辽西鲜卑分系表中》，把达斡尔族归为同蒙古族非一支系的契丹族遗民。

基于此，学界主流把"达斡尔"的族名归于与契丹族的"大贺氏"相对应，原因是大贺氏发祥地洮儿河（源于大兴安岭南麓）的古称即为"挞古鲁河"或"挞兀儿河"，而"大贺氏"的名称即由此而来。日本东洋史学泰斗白鸟库吉先生也在其撰写的《东胡民族考》中，认为：达斡尔的族称来源与洮儿河的古称有关。

第二种观点"蒙古分支说"，始自 20 世纪30 年代，代表作为阿勒坦噶塔先生（达斡尔族）所著《达斡尔蒙古考》，然而此书中的论证多为后世学者所否定且成书之时，正值中华民国推行"五族共和"的民族政策，因此著书过程中存在一定程度的主观构建历史的动因。达斡尔族长期和蒙古族共同生活，风俗习惯较为接近，达斡尔族的语言与蒙古语同属于阿尔泰语系蒙古语族，故"蒙古分支说"也很流行。

第三种观点"蒙古同源说"，是达斡尔族族

源讨论中的一种微弱的声音。阿勇（达斡尔族）、巴达荣嘎（达斡尔族）都曾撰文论证达斡尔族与蒙古族的同源关系，但他们的观点被部分学者视为异说，认同者较少。

世纪之交，中国协和医科大学（今北京协和医学院）的吴东颖等人[4]与吉林大学的许月等人[5]从母系遗传角度来论证达斡尔族与古契丹之间可能存在一定程度的亲缘关系。基于达斡尔族是父系社会，复旦大学王迟早等人[6]通过分子人类学父系遗传 Y 染色体检测技术对达斡尔族男性进行研究，得出达斡尔族不仅与其他蒙古语族人群具有共同起源关系，而且是全体蒙古语族始祖人群的最古老分支的直系后裔，倾向于支持"蒙古同源说"。而对于达斡尔族是否与古代契丹人有直接的继承关系，王迟早等人认为还需要与契丹古人样本的父系遗传类型进行直接的比对，并随着 Y 染色体古 DNA 检测的技术与发展，这一遗传关系能得到更为科学的解释。

这一结论与干志耿、孙秀仁在《黑龙江古代民族史纲》中对达斡尔族的论述相一致，作者通过历史学、考古学、语言学的成果认为，"达斡尔族及其语言比蒙古及蒙语保存了更多的鲜卑－室韦－契丹系统的成分，保持了这一系统民族语言的原型，从这个意义上说，达斡尔族在民族史上犹如古代东胡民族的化石，鲜卑族早在魏晋南北朝时期，已与汉族及其他民族融合，唯有达斡尔族一直延续到近现代，所以在民族史研究中达斡尔族拥有其特殊的地位。"

（二）民族历史

1206 年，成吉思汗统一蒙古各部，将其疆域分封给他的宗亲和功臣。聚居在大兴安岭西北部地区的达斡尔族，受拙赤哈撒尔管辖。当时拙赤哈撒尔的领地在今额尔古纳河、呼伦湖和海拉尔河流域的广阔森林草原地带，而部分达斡尔人居住的黑龙江中上游北岸地区，则属于"林中百姓"的万户豁儿赤的领地。1260 年，忽必烈继承汗位，改行省制，达斡尔族遂被辖于岭北行省和辽阳行省。

从 1370 年至 1388 年（明洪武三年至二十一年），明朝多次派兵北征，与退居长城以北的蒙古贵族势力进行激烈不断的交战，将其势力推进到今天的贝加尔湖。这一时期，居住在大兴安岭西北部的达斡尔族人民，为了免受明和蒙古族之间进行的战争灾难，陆续迁移到黑龙江以北地区。

自明代以来的二百年间，达斡尔族居住在黑龙江中上游地区，西起石勒喀河流域，向东越过额尔古纳河、黑龙江、精奇里江（今结雅河），至牛满江（今布列亚河），北抵外兴安岭，南到大兴安岭北麓。

明朝统一东北地区之后，在黑龙江下游北岸特林地方，设置了努尔干都司指挥使司及其所属许多卫所等行政管理机构。在达斡尔族鄂温克族等分布的地区，从明永乐到正统年间（1403～1449 年），先后设立了乞塔河卫、兀里溪山卫、卜鲁丹河卫、古里河卫、耶尔丁河卫、脱木河卫、出万山卫等。由于以上卫所管辖的各族多以游猎为生，各部经常迁徙流动，尚处氏族部落阶段，明朝又坚持了"通四夷"的方针，采取"因其部落，官其酋长为都督、都指挥、指挥、千户、百户，镇抚等职，给予印信"，"俾各仍旧俗，统其属"的政策。而且为了加强北方少数民族人民同中原地区在经济和文化上的联系，采取了在辽东、开原、广宁等地开设贸易市场的措施，这对当时各族人民进行物资交流，发展经济，增进了解和团结，都起到了积极的作用。

1616 年，努尔哈赤统一女真各部，建立后金政权。1636 年，皇太极改国号为清。清朝初年，满族统治者把分布在黑龙江上中游广大地区的各民族称为索伦部，把分布在精奇里江中下游地区的各族居民称作萨哈尔察部，实际上萨哈尔察部是索伦部的一个组成部分。在索伦部诸民族中达斡尔族人口居多，从事先进的农业经济，具有坚固设防的城堡，因而达斡尔族成为清统治者征服的重要对象。从努尔哈赤到皇太极，先后四征索伦部，从而使索伦部臣服。17 世纪后半叶是黑龙江流域达斡尔等族人民动荡不安的年代，清军征服索伦部的战役刚结束，沙皇俄国向东扩张者的侵略骚扰又接踵而来。自 17 世纪 40 年代起，直到 17 世纪 80 年代末，沙皇东侵和各族人民保卫我国东北边疆的斗争，持续了半个世纪之久。在这期间，为了响应清政府断绝俄国东侵者的粮源、维护边界暂时安宁的号召，达斡尔族从 17 世纪 40 年代开始，陆续从黑龙江北岸以氏族与部落的形式南迁到嫩江流域，这是达斡尔族居住地域的历史性变迁，至此达斡尔族在这片土地上开始繁衍生息。

（三）达斡尔族社会关系

达斡尔族的哈拉（xal）是古老的达斡尔氏族集团名称，也即达斡尔人把古老的父系氏族称为哈拉，莫昆（mokon）则是由哈拉分化出来的在血缘关系上更近的新氏族集团，或称女儿氏族集团。有关达斡尔族"哈拉"、"莫昆"名称的来源一般认为借自女真语，其含义有不同说法，多数学者认为，"哈拉"可能具有河谷、山沟等意思，"莫昆"又记作"谋克"、"谋昆"等，原为女真语的行政组织名称，其辖五十户至五百户居民。[7]

达斡尔族"哈拉"、"莫昆"的名称反映了达斡尔族先民与所处"特定"自然环境的关系，从史料记载和达斡尔族"哈拉"、"莫昆"名称的含义等来看，它们主要来源于居住地的山川地名。[8]

如，敖拉（aol）：山名，本意为"山"。此山位于黑龙江上游雅克萨一带。毕日杨（birijan）：以毕日杨河为名，毕日杨河系黑龙江中游左岸支流。莫日登（m rd n）：河名，本意为"河流悬崖处"或"河水弯滩处"，系一小河，位于雅克萨城以东，鄂嫩河以西，等等。

达斡尔族的哈拉据统计有敖拉、莫日登、鄂嫩、郭博勒、金克尔、沃热、讷迪、吴然、德都勒、苏都日、索多尔、乌力斯、毕日杨等，后来上述各哈拉简化为敖、孟、鄂、郭、金、沃、讷、吴、德、苏、索、杨等汉姓，之后又增加了王、李、刘等汉姓，形成当今达斡尔族的姓氏组成。

达斡尔族的哈拉与莫昆制度作为达斡尔族的社会制度形式之一，具有从山川地名—哈拉名

称，莫昆名称—居住格局，婚姻参照系—亲属制度—父系姓氏—传统制度文化的演变轨迹，这一社会制度在达斡尔族具有重要的社会职能。首先，每个哈拉均有自己的聚居地域，不但在黑龙江流域居住期间，而且迁居嫩江流域之后达斡尔族最初的居住方式仍然受其制约。当时，每一个氏族都有自己的宗屯，以及由此形成的子屯、孙屯。其次，实行哈拉外婚制，即同一哈拉内部不能通婚，达斡尔族的哈拉与莫昆制度之所以具有旺盛的生命力且延续许久，一个重要的原因是因为这种制度是每个达斡尔族成员在婚嫁时的一个重要参照系统。第三，组织全哈拉猎手举行大规模围猎活动。在氏族社会繁荣期，哈拉曾经是组织人们生产和生活的经济集团，进入父系氏族后，随着生产力的发展，组织生产生活的职能虽由家族取而代之，哈拉集体生产的职能只能作为早期传统，但一直保留了很久。达斡尔人以哈拉为单位进行集体围猎的习俗，就是这种传统的遗留。直到 19 世纪末 20 世纪初，有些地区的达斡尔人仍以哈拉为单位进行围猎生产活动。第四，实行哈拉民主制。长期以来，达斡尔族社会保持哈拉民主制的传统，凡是涉及哈拉整体利益的重大事宜，均在哈拉会议或哈拉首领长老会议上做出决定。

二、达斡尔族聚落
（一）在黑龙江沿岸定居时期

达斡尔族在 17 世纪中叶之前生活的黑龙江中上游，是后贝加尔北部和南部的交汇区，即北纬 53°左右。后贝加尔北部以林区为主要特征，后贝加尔南部以草原为主要特征，该地区是草原向林区的过渡带，同时，大兴安岭向北绵延而上，与外兴安岭相接，形成黑龙江河谷。这里比后贝加尔北部气候温和，土地适于耕耘，而草场向林区过渡地带的特性，也使畜牧业和狩猎业可以同时进行，但这里野兽并不多，因此完全靠狩猎为生是不可能的。达斡尔族依据定居区域所具有的河流、适合耕种的土地、草原、森林的自然条件，形成了农、牧、渔、猎等多元的经济模式，这一

经济模式对达斡尔族村落及院落格局的形成具有重要的影响。

另一方面，哈拉与莫昆作为氏族群体的标志，具有在居住形式上的各种限定。历史上传统的达斡尔族居住形式也以哈拉与莫昆为居住单位，各哈拉与莫昆屯落及其子孙屯落毗邻而居，沿袭历史上传统的居住格局。因每个哈拉均有自己的聚居地域，从已有史料与达斡尔族家谱中我们可以得出各氏族群体在黑龙江中上游的大致分布格局。

如，敖拉哈拉聚居在精奇里江中游南岸支流提格登河流域；莫日登哈拉聚居在黑龙江中游北岸的奥列斯莫日登城西北的莫日登屯及其周围；鄂嫩哈拉聚居在黑龙江中游北岸的支流鄂嫩河流域；郭博勒哈拉居住在精奇里江下游左岸的支流布丹河流域，陶木哈拉居住在精奇里江下游左岸的支流陶木河流域；沃热哈拉居住在黑龙江上游北岸支流沃热迪河流域；德都勒哈拉居住在精奇里江下游左岸支流布丹河东南的德都勒和格尔德兹屯；苏都日哈拉聚居在黑龙江中游北岸牛满河上游左岸支流苏图尔和乌尔克河流域（图4-1）。

有关达斡尔族在黑龙江中上游地区居住时村落形态的记载在书籍中大多是粗略的，但我们仍能从中抽离出达斡尔族村落的图像景观。马克在其旅行记中写道："即使在阿穆尔河上游，在我们上面提到的从结雅河河口到兴安岭的草甸地带，也仅仅在七十五俄里的一段地区才看到比较稠密的居民。他们都是满人和达斡尔人，主要种庄稼和蔬菜……每栋土房附近都有围着篱笆的菜园。"以研究古代黑龙江沿岸地区文化著称的俄罗斯学者认为："达斡尔人和居住在布列亚河河口以下阿穆尔河沿岸的久切尔人都是定居的民族，他们住在乌卢斯和设防的城镇里，从事耕作、畜牧和渔猎……"[9]潘克托娃主编的《苏联通史》在"在17世纪时西伯利亚各族人民"一章中写道："沿阿穆尔河及黑龙江，住着达斡尔人及其同族的部落，17世纪时，达斡尔人已有很高的文化，他们定居在村落中从事农业，种植五谷，栽培各种蔬菜和果树；他们有很多的牲畜，有从中国运来的鸡。除耕种和畜牧以外，猎取细毛皮，尤其是当地生产的貂，对于达斡尔人也相当重要……因受中国人影响，达斡尔人也开始建筑好的有窗

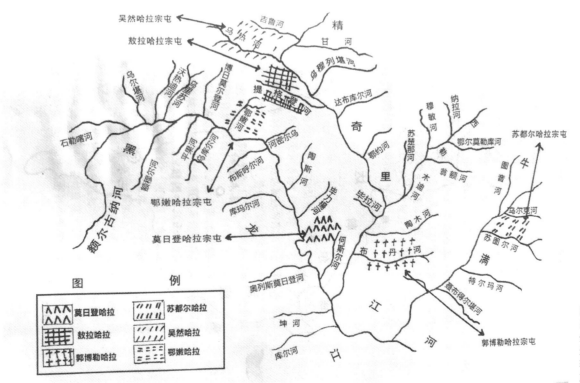

图4-1 达斡尔族各宗屯在黑龙江流域分布示意图（来源：达斡尔族资料集编辑委员会《达斡尔族资料集》）

户的房屋，窗子上糊薄纸代替玻璃，衣着也学中国的式样，达斡尔人有设防很好的城市。"苏联谢·弗·巴赫鲁申教授在《哥萨克在黑龙江上》一书中写道："在结雅河上游的达斡尔人……有修得较好的木房，窗上糊着自制的纸张……"1650年入侵黑龙江的沙俄头目哈巴洛夫在他的日记中写道："阿穆尔河上游有自称是达呼尔的人居住，他们从事农牧业生产，那里三四十里就有设防很好的城寨，城寨里有石造的建筑，窗户上的纸是他们自己造的。"

从以上的记载中可以看出，当时达斡尔族人民根据黑龙江北部地区的地理气候等自然条件，在大田生产中主要种植大麦、燕麦、荞麦、稷子、黑豆、黄豆、等成熟期短的粮油作物，除此之外还经营园田，栽培黄瓜、豆角、白菜、大蒜等蔬菜。从当时的民居建筑来看，有木屋和木垛房，也有石头的房子，房舍都比较大，具有适合大家族居住的特点。

（二）在嫩江流域定居时期

17世纪中叶，为了躲避俄国东侵者的侵略以及切断他们的粮源，达斡尔族响应清政府的号召，从17世纪40年代开始陆续南迁到嫩江流域，并在最初时，仍以哈拉、莫昆的居住格局"分族落村居住，并无混杂异性人家"。嫩江流域位于大兴安岭的南麓延伸区，达斡尔族村落分布于嫩江中下游的浅山区、丘陵、冲积平原等不同地貌区，但多数选择南低北高的向阳坡地，背山面水，以获得更多的日照及减少冬季寒风的侵扰。寒冷及严寒地区如何使建筑最大限度地保温御寒是至关重要的。从现代气象学的角度，向阳坡比背阴坡的平均温度可高10°，且迎风坡比背风坡降水量大，在干旱地区更有利于耕种，这样的聚落选址有效结合当地的地形地貌，创造了适宜的局部气候环境，丰富的地貌资源对达斡尔族的农业、定居畜牧业、狩猎业、渔业采集业等众多产业起到了巨大的支撑。

1. 村落组成

住居在发生学上是人类居住的原点，即原始人类极低的生存能力和社会生产力下，造成原始人类物质与精神、个人与社会活动的混沌合一性，决定和导致了当时的住居多功能交织的特征，也就是说当时的住居，不仅仅是现在住宅的功能含义，而且是诸如教育、生产、宗教等综合功能的空间体现，表现出功能高度混沌综合的特点[10]。达斡尔族是具有原始狩猎文化的少数民族，受先进民族的影响，很早便具有定居的农业，虽其住居的空间形成住宅－院落－村落，但原始文化及社会习俗仍然使得达斡尔族的居住空间具有很高的功能混合的特点，私密性与社会性并没有形成不同的建筑类型，因此，在达斡尔族的传统村落中，除了具有亲缘关系的户与户庭院相接外，在村落中并没有其他公共的社会性空间以及建筑类型。

2. 村落布局

达斡尔族村落空间特征与他们的生产方式有直接的关系。达斡尔人从事农业生产和定居牧业，其中农业生产又分为大田耕作和园田耕种，大田耕种会在村落几公里至十公里远的地方大面积种植传统农作物燕麦、荞麦、稷子、大麦；而园田耕种则是在自家庭院解决，种植满足生活基本需求的蔬菜、烟叶、玉米和麻等，每家几亩到十亩左右。因此，达斡尔族村落户与户之间虽然毗邻相接，但距离宽敞。

达斡尔族村落从空间布局上为典型的行列式，村中以东西向主路为干线，形成纵横的车马道路，通向村外，每户房屋以接近南北朝向坐落并沿东西方向依次展开。在院落层面上有清晰的前后之分，前院开敞面积远远大于后院，传统的达斡尔族院落均从南向与道路相接，现代的则要自由很多（图4-2）。从空间方位上讲，达斡尔族村落沿东西向展开较好地应对了当地寒冷的气候。该地区冬季主导风向为西北风，院落坐北朝南有利于塑造挡风微气候环境，同时东西方面的村落道路有效避免了寒冷季冷风通廊，是对气候的策略应对。（图4-3）

图 4-2 达斡尔族村落（哈力村）

姓氏	敖拉哈拉	莫日登哈拉	郭布勒哈拉	鄂嫩哈拉
所建时间	清咸丰年间	清光绪年间	清宣统年间	清光绪年间
所处位置	阿尔拉镇奎力浅村	西瓦尔图镇大库木尔村	阿尔拉镇伯尔科村	腾克镇特莫呼珠村
村落平面图				

图 4-3 达斡尔族村落对气候的应对

三、院落空间和建筑

（一）院落

达斡尔族在迁移到嫩江流域后，农业生产逐渐细化并占据主导地位。达斡尔族居住形态深受满汉文化影响，并对满族文化有很大的认同度，因此从院落层面到建筑格局都与满族传统民居有很大的相似度，但也有一定差异。这些差异来源于达斡尔族的民族性以及所居住的自然地理环境。

1. 空间布局

达斡尔族院落是典型的三合院院落空间，院子呈南北长方形，与东北地区乡村中的汉满民居

图 4-4 达斡尔族院落（来源：敖拉·赛林《达斡尔族风情》）

类似，院落空间松散，建筑间距很大，建筑墙面不充当围墙的角色，围墙与建筑脱离在外围独立存在，这样的布局方式一方面有利于寒冷地带院子和正房拥有充足采光，不受东西厢房的遮挡；另一方面东北的生产生活方式需要有大车和牛、马进入院子，宽大的院落也方便它们出入。院落中院门居中布置，从院门开始，院落中建筑排布具有清晰的南北轴线，正房坐北朝南，厢房分居东西两侧（图 4-4）。达斡尔族庭院一般分为 2 个区域，南侧是被建筑所围合出的主要生活区，放置工具、承载生产生活活动以及饲养牲畜，建筑北侧形成第二个区域，主要种植生活所需蔬菜，一般北部庭院会比南侧小很多。（图 4-5）

达斡尔族院落虽不及满汉传统民居中等级差异复杂，但也从庭院的格局中能够显示出生活的差异。如讲究一些的人家会在前院的基础上再划分出一个与大门相邻的院子，形成"大门"和"二门"以及院落南北递进关系；在与入口相邻的院子里，会把牛马圈和柴垛与内院分离开来，形成公共到私密更加细致的划分，也使得内院的内向性更加强烈（图 4-6）。而另一方面，对于生活并不富裕的家庭，院落空间的建筑排布在尊崇最简单的围合（如只有一进大门）的基础上，左右的厢房甚至只设置一个，以满足最基本的生活需求。

在达斡尔人的经济生活中，烟是主要的商品，也是达斡尔人的重要经济来源。达斡尔人生产的烟叶具有极佳的口碑。清嘉庆年间的《黑龙江外记》卷八中记载："（黑龙江）人家隙地种烟草。达呼尔（过去达斡尔的称呼）则一岁之生计也。自插秧至晒叶，胼胝之劳，妇女任之。"中央民族大学丁石庆在对达斡尔语言研究中，发现达斡尔族语中有关烟的词汇不仅特色明显，而且构成了一个自成体系的语义场，从中也能窥视出烟的生产在达斡尔族的农业及经济生活中占有重要的地位。因此在达斡尔族的院落中，与满汉民族院落具有显著区别的是西窗下的"温苗床"。"温苗

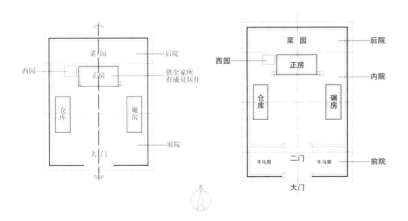

图 4-5 达斡尔族民居的院落平面图 1

图 4-6 达斡尔族民居的院落平面图 2

床"在正房西窗外的庭院中，约10平方米，上铺小石头，作为烟苗或蔬菜苗的温床。

2．院落细部特征

达斡尔族是具有农、牧、渔、猎多元经济模式的民族，虽从黑龙江沿岸的粗放农业迁徙到嫩江流域后农业生产逐渐细作，但达斡尔族院落的建造都相对粗放，所用材料均取自于当地自然环境。

院门：达斡尔族的院门开在南向，一般是立两个一尺多粗的木门柱，相隔距离为能过拉草的大轱辘车为准。门柱上凿出两三个孔，需关门时，横穿木杆即可。有时为了方便，会把其中一个木杆上下斜插，以防止牲畜的出入。（图4-7）

围墙：达斡尔族院子的四周都有围墙，当地人俗称"障子"，各家的园田连成一片，仅由障子加以分隔。障子有用柳条交叉编成的，也有用柞树或白桦、黑桦围成。以柳条编织而成的，每隔600～700毫米会有一个立柱（图4-8）；用柞树或白桦、黑桦做成的障子，中间会植入间隔1000毫米左右的立柱，现在的材料多以松木为主（图4-9）。

（二）建筑单体

1．正房

（1）空间格局

达斡尔族的正房坐北朝南，采用东北地区民居典型的"一字形"布局。依据家庭经济能力分别有两开间、三开间和五开间之别，并以两开间和三开间居多。对于两开间的住房，以东面开间作为入口，空间内设置锅灶以兼作厨房；西侧房间为主要活动空间，包括会客、吃饭、起居等。而对于三开间的住房，中间开间作为入口空间，设置锅灶兼作厨房，东西开间的空间作为主要活动空间，并且以西侧的房间最为重要（图4-10）。

达斡尔族传统民居的空间格局基本沿袭了满、汉民居的形制，由于气候条件寒冷，家庭活动基本都在炕上进行，炕除了是屋中主要的供暖设置，也成为了空间中活动的核心场所。因此，在中原及南方合院建筑中地位极其重要的中

图4-7 达斡尔族民居的院门

图4-8 达斡尔族民居的柳条编织的围墙

图4-9 达斡尔族民居的木围墙

堂空间在达斡尔族传统民居中被简化成为厨房和门厅。而与汉族不同的是，中堂所承载的公共活动转移到了达斡尔族社会最重要的西侧空间（图4-11）。

无论是几开间的达斡尔族住房，西侧房间对于他们都是最重要的空间，这与达斡尔族在生活及所处自然环境逐渐演变的过程中保持原始信仰不无关系。因此在西侧房间中，达斡尔族的炕为三铺炕，即除了进入房间的东侧是隔扇门之外，其他三面——南、西、北都是炕，俗称"万字炕"，

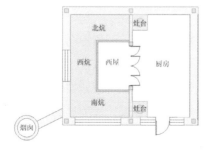
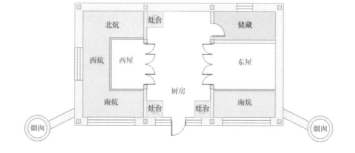

图 4-10 达斡尔族民居实景和平面图

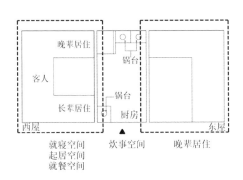

图 4-11 达斡尔族居住空间使用分配

图 4-12 西屋中挂婴儿车的横杆（来源：敖拉·赛林《达斡尔族风情》）

图 4-13 中间的门厅及厨房灶台

在空间上形成清晰的面向东侧开敞的方向性。对于三开间或五开间的住房，东侧房间设置三铺炕或设置南、北两铺炕不等，表现没有那么严格。在西屋中通常装有三根东西向的木横梁，由于传统的家庭生活中，几代人同居一室，因此横梁所挂的帷幔成为私密空间的临时分隔。中间很粗的一根可以挂婴儿的悠车，在炕沿上端细的两根用来挂衣服和毛巾（图 4-12）。

在达斡尔住房中，入口开间既是门厅也是厨房，灶台会根据炕的位置进行设置，靠西的一面为两个炕灶，如果是三开间或五开间的住房，中间厨房靠东的一面也会设置两个炕灶。这些炕灶都设置锅台，一般锅台长 1200 毫米、宽 700 毫米、高 800 毫米，每个都可以单独使用（图 4-13）。通常的家庭中，在西侧的北灶向东延伸处设"额勒乌"[11]，即池式火炕，宽约 2000 毫米，炕面锅台略低 100 毫米左右，而炕沿与锅台高度齐平，呈凹形炕，因与锅台相连，温度较高，用以炕干粮食，上面铺以木板，也可以睡人（图 4-14）。

随着生活方式的逐渐变化，达斡尔人在原有住宅格局的基础上，逐渐进行适应新的生活需求的调整，如，在三间房的北墙外面加 1 米多宽的走廊，可存放物品，冬天圈小牛犊，把乳牛牵到里面挤奶。再如，在三间房的西屋北侧隔出一间

图4-14 池式火炕

图4-15 达斡尔族民居的炕

图4-16 单面炕及炕上家具

小屋，里面另开一扇西窗，是姑娘们住的房间。从厨房的中间隔出南北屋，南屋称堂屋，北屋称厨房。有的在厨房再隔出一小间即外屋。

（2）细部特征

炕：达斡尔族传统民居的正房中主要起居空间以炕为主，在正房西屋的北、西、南三面设有连在一起的三铺火炕，叫凹形炕。火炕长度等于房间面宽，宽度通常为1.8～2.2米，高度0.6米，略高于成人膝盖。炕面早年铺兽皮，或桦树皮薄片如席，与汉族接触后，改铺苇席或高粱秆皮编的席。南炕为老年夫妇所居，靠西墙处有木质箱式双开门的柜子，柜子之上放置折叠整齐的被褥；北面炕为少年夫妇的住所，柜子在土炕的

西侧靠墙而立；西炕一般没有任何摆设，在西墙上有窗户；南炕平时摆放小木桌一张，准备来客喝茶聊天之用。受东北汉族民居的影响，因为中堂在民居中的功能及核心地位减弱，所以在承载家庭公共活动较多的空间——即西屋中，会更多地进行装饰表达。在达斡尔族的民居中，炕沿多为木板，讲究一点的人家炕的外壁多用木板镶嵌，木板上还雕有各种各样的图案，以显示其地位（图4-15）。随着现代社会的变迁，家庭人口的减少，住居中的三面炕也在发生改变，大多仅留下南炕或北炕（图4-16）。

隔扇门：达斡尔族传统民居崇尚西侧，以民居格局中西侧的房间作为最重要的空间，因此进

入该房间的隔扇门成为民居中最重要的门，除了形制上与其他的门有所区别，装饰也考究很多。隔扇门通常为四扇，充满了进深中除掉两面炕所占距离的所有长度，中间的两扇可经常开关，两边的两扇不能打开。隔扇门讲究的以红松为原料，从下到上分为门扇和门楣两部分。门扇可分为上下两部分，其上部多为窗格式结构，下为雕花木板屏式结构，其上部在窗格式木条饰构架之间，以饰有雕花图案的木块儿（多为长方形或菱形，约为 5 厘米 ×8 厘米，厚约 1 厘米）做横撑，既美观又结实。雕花图案的题材，以文房四宝或八仙的象征物，如宝葫芦、芭蕉扇、荷花、竹板等纹饰为主，下部木板面上多雕有宝瓶，上置四季花草，宝瓶底部有雕花饰的座，花卉以牡丹、杏花、梅花等为主。花卉枝叶繁密而清晰，花簇造型优美，具有唐代团花的风格。有的人家的隔扇门下部还雕有鸳鸯戏水、喜鹊登枝、龙凤呈祥、骏马飞奔、猛虎下山等图案。在隔扇门门楣上也多雕花瓶或五福捧寿等题材的图案，有的人家则雕饰汉满文的福禄寿文字，形式为圆形，然后施桐油衣（图 4-17）。

窗：达斡尔族传统民居的窗户在南侧以宽大为主，对于三开间的住房，在东西两个开间中，在结构构架之外的南侧墙面几乎都设置为窗户，以利于冬季阳光大量地进入室内。对于入口门厅兼厨房的窗户，一般会开在南侧，由于开间较小，因此入户门两侧设置的窗户也相对较小。达斡尔族传统民居北侧基本不设窗户，对寒冷气候具有很好的防御作用，而为了使房间中有良好的空气流通，达斡尔族的住房会在西侧墙上开设窗户，西窗的存在除了具有通风和加大采光的实际功效外，也成为达斡尔族民族属性的独特存在，并具有一定的文化内涵（图 4-18）。

传统的达斡尔族住房的窗户分为上下两扇，上扇可以支起敞开，下扇可以向上抽出取下。窗扇由相距 10 厘米的细窗棂纵横交错组成许多小格子，外面糊窗纸，在窗纸上喷上豆油，起到防雨雪潮湿和透亮美观的作用，这也是对当地气候

的策略应对（图 4-19）。

烟囱：达斡尔族传统民居的烟囱很有特色，它们设在住房的侧面，三间或五间的住房会在左右有两个烟囱，分别距离东西墙面 1 ～ 2 米远。

图 4-17 达斡尔族民居的隔扇门

图 4-18 达斡尔族住房的西窗

图 4-19 达斡尔住房南向窗户

图 4-20 达斡尔族住房的烟囱

烟囱有圆柱形，有方柱形，同样用草坯垒成，直通火炕。早先的烟囱收口的部分会用枯木树干，现在有些会直接用草坯垒砌，或用铁皮烟囱代替。这种烟囱的建构可以在一定程度上防止火灾的发生，具有一定的科学性（图 4-20）。

（3）房屋的建造

达斡尔族村庄多坐落在靠近河流的山水园林环境中，因此虽受满族民居影响，达斡尔族民居与其在形制上区别不大，但在盖房的材料上却具有典型的环境特色。

传统的达斡尔族民居为土木结构，柱子为骨架，再围以墙体。首先在已选定的建房位置上，夯出高出地面 30～60 厘米的地基。建房打基础前一般会选择松油多、枝杈多的松树做柱脚，这

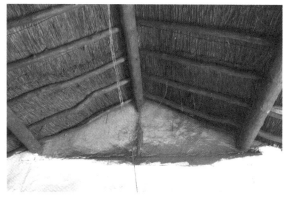

图 4-21　屋顶上的房笆

图 4-22　屋顶上的苫房草

图 4-23　屋顶上的草架子

样的材料纤维多、韧性大、稳定性好、抗压力强，从而增加了抗震性能。冻土的冻胀与消融对建筑物影响较大，因此基础一般要求埋于冻土层下方。之后挖一米多深的大坑，夯土与碎石填满，加入松子油，因植物油不会与土质中的元素发生化学反应从而形成天然的保护膜，不会使水分轻易渗入土层，增加了地基的耐久性。主柱的数量视房间的间数而定，三间下 8 根，两间下 6 根，之后填土夯实。在进深方向的两根主柱之间加两根稍细的辅柱，埋入地里 30 厘米左右。为防止柱根的腐烂，在柱子根部涂苏子油，用桦树皮把柱子根部包起，或在其周围放些草木灰。柱子上讲究上双层檩柁，简易而粗糙的抬梁式结构形式，在檩柁上放三脚架，形成人"字形的突脊。从房脊到房檐每隔一尺二寸架一根椽子。好的椽子破成方形的松木，涂上苏子油，用铁钉钉在房柁上。除此之外，房子上不用任何铁钉，用木料上的榫槽接合固定。在椽子上面铺柳编的房笆，有的住房上面铺拇指粗的柳杆编排的房笆（图 4-21），在柳笆上抹一层泥，上面铺苫房草，由下而上铺，一层压一层，直到房脊（图 4-22）。房脊上用编成的鞍形草架子压封，既防风吹散，又整齐美观（图 4-23）。好的苫房草，可保持 20 年之久。

达斡尔族砌墙用的材料大多用草坯，俗称"草筏子"，缺少草筏子的地方就用土坯。草坯是直接取自于自然环境，从草甸子上挖出，也可以挖芦苇根密集的地皮，草根上包着泥块。草坯长约 300 毫米，宽约 200 毫米，厚约 200 毫米，经太阳晒后，具有很高的强度（图 4-24）。房屋的墙厚一般为 600 毫米，北墙由于防寒的缘故会更加厚实，房墙砌好后，内外用羊芥草和泥摸平整，房里墙面多用沙泥打平摸光，有的地方的达斡尔

a 草筏子墙体

图 4-24 达斡尔族
民居的墙体

b 土坯墙体

图 4-25 仓房

图 4-26 磨坊

人还取来白石灰粉刷墙壁，使室内光洁明亮。室内间壁墙用柞木杆或柳杆夹成笆，在上面抹泥即可。

2. 厢房

达斡尔族的厢房一般是不住人的，所有的家庭成员都居住在正房中，因此在达斡尔族院落中厢房主要的功能是作为储存粮食的仓房和放置工具及生产加工的磨坊。

（1）仓房：仓房一般有两间到三间大小，内为通间，为纯木框架结构，柱子的埋设方式与正房相同。仓房的地板离地 700～800 毫米左右，多采用横撑上镶木板条，墙壁一直到房檐用粗木头垒起或镶嵌木板条，为双坡屋顶，屋顶上用苫房草做顶盖多放怕潮湿的皮毛和粮食等物，有时也挂肉食等物品。内部仓库因距地有一定高度，易于空气流通，四面墙壁也透风，保持仓内干燥，宜于贮藏谷物和不常用的东西。盖建时，在仓库正面留有 800～1000 毫米宽的平台，平时可作为晾晒物品之用。达斡尔的仓房建筑，原理上与鄂温克族在密林中所建的原始仓库相似，但比其有了更为复杂的结构特征，可以反映出其是达斡尔族狩猎时代建筑形式的延续和发展（图 4-25）。

（2）磨坊：磨坊很宽绰，通常有两间大，里面有臼和簸箕。建造方式与正房大体相同：木框架承重，土坯或草坯砌筑墙体。（图 4-26）

四、传统文化表达

达斡尔族在迁移到嫩江沿岸以后，受到满汉文化的进一步影响，形成传统意义上院落与建筑的格局。虽然达斡尔族生产生活中农业所占的比重越来越大，但作为历史上的游猎民族，狩猎、渔猎的经营模式仍然占有一定比重。因此，在其院落以及建筑的空间秩序中，除了具有农耕文明的典型特征外，仍然保留了很多狩猎文明的文化意义。

东北汉族传统民居的布局原则依循中国宗法及礼制，从君臣到父子，讲求主从、尊卑的关系，这种关系在建筑的群体布局方面呈现出以中轴线为中心，均衡对称的院落结构方式。三合院、四合院建筑就是遵循这个设计思想来完成的，坐北朝南的房间是正房，供家族中长辈居住，充分体现了中国传统儒家思想中长幼尊卑的观念，东西两侧的配房是晚辈的居住地，如果长辈与晚辈同在正房中，则以东侧的房间为长辈居住地，西侧房间是晚辈的居所。

首先，达斡尔族传统院落空间受汉族民居群体的影响，形成典型的三合院围合，遵循严格的中轴对称布局，在院落的层次上在南北方向纵向递进，形成入口－内院－后院的空间层次，而对于讲究的人家，则会在入口与内院之间形成中间的过渡空间"外院"，功能上把与外界联系密切的"牛马圈"等职能与内院分离，空间上也使内院空间更加私密。但无论是哪一种空间的层次，皆是在中轴线的控制下纵向延伸，仍然可以看出是在汉族农耕文明影响下的产物，并依据层次的多少体现等级的高下。在表观空间秩序下，达斡尔族展现出狩猎民族的居住习惯。达斡尔人在父系血缘的维系下，一个家庭的所有成员均要在一个房屋中居住，这在黑龙江沿岸居住的时期，从俄罗斯探险者的记录中即可见一斑。因此，在以上三合院的形制控制下，达斡尔族院落中的厢房并未是作为晚辈的居住空间，而是作为储藏粮食的仓库和碾坊存在。

其次，达斡尔族正房的空间格局沿袭了东北汉民族民居的格局，尤其是三开间的建筑，中堂空间功能退化，中原地带中堂空间所承载的公共活动很多转移到东西房间中，中堂也被称为"外屋地"。但达斡尔族并未像汉族一样，把承载很多公共行为的空间放到东侧，而是把西侧的空间视为生活中的核心部分，无论是长辈居住还是会客功能均在西屋，这与满族民居极其相似。除了使用上的核心性，西屋在空间特征上具有清晰的方向性。西屋布置有南、西、北三面连续的炕，形成"U"形空间的形态，开口方向朝向东方，显示了对太阳升起方向的崇拜。依循狩猎民族的居住文化，西侧的炕位被视为最尊贵的位置，只

有客人才能落座，并在西墙挂有神位。由此，我们可以清晰地感知到在达斡尔居住空间中东西方向的存在，并事实上成为空间真正使用上的统领。不仅如此，达斡尔在西屋居住空间的西墙上开设西窗，并在西窗的外面设置重要的烟叶种植以及花卉的庭院空间，成为对这条东西方向轴线的强化。(图4-27)

从以上两点可以看出，达斡尔族民居从院落空间南北轴线的排布到正房西屋居住空间东西轴线的确立，显示出汉民族农耕文化与狩猎文化的交融，但这一交融除了保持各自的特性外，也会有相互影响的部分。如，同为狩猎民族的鄂温克族，其居住空间的等级是以北侧的铺位为上，而在达斡尔族的西屋中，靠南侧的炕由于有充足的阳光，通常是长辈的居所，这固然有实际需求，也应该受到汉族民居的影响；在院落厢房位置的仓房，虽然遵循了三合院空间的秩序，但仓库的

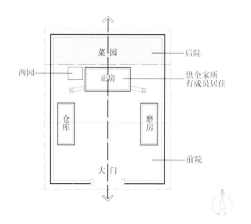

图4-27 达斡尔族院落与住房的文化表达

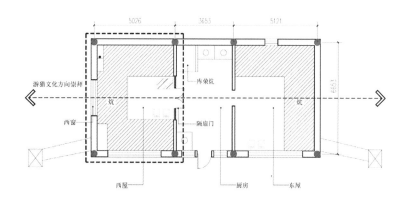

形制显然与鄂温克狩猎文化中的仓库极其相似。这些都可以说明农耕与狩猎文明在达斡尔民居中交融的文化现象。

第二节 鄂温克、鄂伦春族

一、族源族称、民族历史及分布

（一）族源、族称及分布

鄂温克族和鄂伦春族是具有游猎文明的北方少数民族，均属于阿尔泰语系通古斯语族北支，有专家认为鄂伦春族是从鄂温克族分出来的一支。现今，鄂温克族大概有 3 万多人，主要生活在内蒙古鄂温克自治旗、陈巴尔虎旗、额尔古纳奥鲁古雅等地区，形成"大分散、小聚居"的格局。鄂伦春族现今有 8 千多人，主要生活在内蒙古鄂伦春自治旗。

"鄂温克"是民族的自称，意为住在大山林中的人们。从考古学上看，早在公元前 2000 年，鄂温克的祖先生活在外贝加尔湖和贝加尔湖沿岸地区。中国境内的鄂温克族由于历史上的迁徙和居住地的分散，大致被分为"索伦（布特哈地区）"、"通古斯（陈巴尔虎旗）"、"雅库特（奥鲁古雅）"三个部分，他们来自不同的部落，所讲的方言也有所差异。

干志耿、孙秀仁在《黑龙江古代民族史纲》一书中通过对史料的研究，认为鄂温克与历史上几个民族都有着渊源关系，应该是一个混血民族，它是以"黑水"为基础，吸收了北部室韦和鞠部落成分，而北部室韦和鞠部落均属通古斯族的系统，所以认为不能把古代和近代民族只归结为纯粹单一的族源[12]。

（二）民族历史

作为中国历史政权的统辖范围，元代把居住在贝加尔湖以东，大兴安岭以北的鄂温克族，鄂伦春族，都称作"林木中百姓"，清初也把尼布楚以东以北的鄂温克族鄂伦春族称为"树中人"。

17 世纪初叶（明末清初），我国居住在贝加尔湖西北，黑龙江上中游地区的鄂温克族共分为三支。一支是居住在贝加尔湖西、北勒纳河支流威吕河和维季姆河的使鹿鄂温克人，他们被称为使鹿的"喀木尼堪"或"索伦别部"，是我国奥鲁古雅鄂温克人的先民；第二支是贝加尔湖以东赤塔河一带使马鄂温克，被称为"纳米雅尔"部落，是陈巴尔虎旗鄂温克人的先民；第三支也是最主要的一支，系索伦部本部，指的是黑龙江上游石勒喀河至精奇里江（结雅河）一带的鄂温克人，是布特哈鄂温克人的先民[13]。

清朝建立前夕，满族统治阶级崛起于东北之初，逐渐统一了贝加尔湖以东和黑龙江上中游地区的蒙古、鄂温克及达斡尔等民族。17 世纪中叶，沙俄利用中国明清两朝交替、清军主力入关、广大黑龙江流域防范意识销弱之际，对中国北部边疆进行东侵，鄂温克族及其周围的其他少数民族，对沙俄的侵略进行殊死抵抗之后，一部分鄂温克人向南迁徙，现今居住在陈巴尔虎旗的鄂温克人正是当年与沙俄侵略者进行英勇斗争的纳米雅尔部落的后裔。

从清顺治初年开始，直到清康熙年间，清朝统治者陆续将石勒喀河至精奇里江（结雅河）、牛满江（布列亚河）一带的鄂温克族，迁至大兴安岭以东、嫩江沿岸及其各支流，甘河、诺敏河、阿伦河、济沁河、讷莫尔河、雅鲁河流域等地居住。清朝把他们编成佐，任命佐领管辖，总部落称为布特哈打牲部落。

17 世纪以前，鄂伦春和鄂温克是同一部落的不同氏族分支，都是黑龙江流域以北索伦部的一部分。17 世纪中叶，迁至大兴安岭地区，即今天鄂伦春自治旗的鄂伦春人。

从唐代到清代，鄂温克族及其前身一直处在原始社会的发展阶段，过着游猎生活。明清时期，赤塔一带的鄂温克人，由于与布里亚特蒙古人为邻，受到蒙古人畜牧业的影响，从事牧业兼行狩猎。精奇里江（今结雅河）的鄂温克人除狩猎捕鱼以外，由于受临近达斡尔族影响，也会从事农业生产并经营少量牛马畜牧业。以上两支在南迁到陈巴尔虎旗及布特哈地区后，仍然保持着各自特色的生产方式，并受满汉的影响逐渐走向定居[14]。

只有奥鲁古雅鄂温克族更多地保持了民族传统的生活方式，其中的一部分人至今仍保持着原始社会末期的父系家族公社的制度，以狩猎和驯养驯鹿为生，这一部分鄂温克人虽然在人口上只有 200 多人，但是他们较为完整地继承了鄂温克传统的生活生产方式，从远古的渔猎经济时代至今，奥鲁古雅鄂温克人从未离开过大兴安岭，始终生活在茂密的森林里，以传统的游猎和饲养驯鹿为生。他们是我国唯一一个以驯鹿为生的少数民族，所有的活动都围绕着驯鹿展开，因而被称为驯鹿鄂温克人。

（三）社会关系

驯鹿鄂温克人直到新中国成立前夕，还处在父系氏族的社会阶段，在追随野生驯鹿进行游猎的生产生活中，家族公社起着主导作用。因此，了解鄂温克族原始社会的社会组织对于探究鄂温克人居住文化具有重要的意义。

鄂温克族原始社会每个部落都有自己的部落长"基那斯"，每个部落长"基那斯"管辖若干个家族"乌力楞"，一般包括 35 户左右的人家。"乌力楞"是鄂温克语，表示"子孙们"的意思。一个乌力楞，包括一个父系家庭内的子孙后代及其家庭成员，他是北方满通古斯诸民族中普遍存在的一种以血缘关系为纽带的，具有家族公社性质的生产组织和社会结构，是独立的经济单位。但家族乌力楞并不是社会的基本细胞，社会的基本细胞却是从家族乌力楞里中分化出来的小家庭"柱"，其成员是集体生产的参与者，也是平均分配猎物的最小单位。一般来讲，大的家族"乌力楞"内有 12 个小家庭"柱"，小的家族"乌力楞"内也有五六个小家庭"柱"，每个家族"乌力楞"都有自己的家族长，都有通过彼此协商特别策划的猎区，并有自己的称谓。

二、鄂温克族聚落
（一）聚落特征

由于驯鹿鄂温克人从古至今一直延续游猎的生产生活方式，因此与此相对应，鄂温克人的聚落是移动性的，且具有周期性随季节变换营地的特点。鄂温克人的营地分冬营地、夏营地和春秋营地，他们一年内在这几个营地之间沿固定的路线进行往复移动，其中 4～5 月居住在春秋营地，6～8 月迁徙到夏季营地，9～10 月迁回到春秋营地，11 月至次年 3 月居住在冬季营地。每个营地所停留的时间并不相同，一般在夏秋一处居住 20 天，冬春住 2～3 天。

在原始的生活方式下，鄂温克人选择住居的环境表现出对自然极大的依赖性，以达到自身生活所需以及对生产资料的充足获取。鄂温克人的营地一般都会选择在群山环抱，有小河、平地、山林的环境中，同时附近须有供驯鹿食用的苔藓，且有可供狩猎的猎区，这样择址的优势在于冬天山林可以挡风，夏季又异常凉爽。

（二）聚落组成

驯鹿鄂温克人在漫长的社会历史发展过程中，饲养驯鹿和狩猎是他们传统的生产生活方式。处于父系氏族社会的鄂温克族，家族公社在他们的生产生活中起着主导作用，家族"乌力楞"是真正意义上的独立的经济单位，而小家庭"柱"则是最小的生产组织，在此基础上一个家族共同集体劳动，共同消费获取了货物，并进行平均分配。

基于鄂温克族传统家族式的狩猎生产方式，鄂温克人的聚落也形成以"乌力楞"为集团的聚落组成。每一个可移动聚落即为一个乌力楞，每一个乌力楞由三五个或十个个体家庭组成，这些个体家庭为一个父亲所生的子孙，他们彼此之间具有直系的血缘关系以及密切的生产合作关系。鄂温克人的婚姻是一夫一妻制，每个小家庭由一夫一妻和其所生子女组成，共同住在"斜仁柱"中，由于"斜仁柱"容纳的人数是有限的，因此按照习俗，儿子结婚以后将从原来的住所中搬出来，在其旁边另建一个"斜仁柱"，也即成为"乌力楞"中新的组成单元。由此，我们可以说，鄂温克族的聚落是在共同从事生产劳动的需求下产生的小型居住群体，他们的生产经营模式需要家庭式的集体协作，并且构成了鄂温克族共同迁徙的聚落内在结构。

鄂温克族的聚落是由两种类型的建筑构成，一种是供居住使用的"斜仁柱"，另一种是供仓储使用的建筑。居住建筑是可移动、可拆卸的，但是仓储建筑则是一种固定的建筑。鄂温克族的仓库一般搭建在游猎区中心或季节迁徙的必经之处，它由居住于同一个聚落的人集体修筑，大家共用，是鄂温克人传统生活中不可缺少的建筑物，平时一般用来放置衣服，生产用具和食物。一个完整的鄂温克传统聚落，是由若干个可以随时移动的斜仁柱，以及散布于各个集结营地中的固定仓储建筑共同组成。

（三）聚落的空间

从聚落空间的组成方面，鄂温克人的聚落一般由三五个或十个个体家庭组成，每个小家庭从父系的大家庭分出后会在其旁边另建新的"斜仁柱"，这些个体家庭居住建筑以及父系大家庭居住建筑的组织方式具有固定的排布规律和固定的朝向。首先，它们会沿南北向一字排开，从不围成圆圈，父系大家庭的建筑位于中间，且从外观上看是体积最大的，其他个体家庭体形稍小，在两侧依次排开。其次，所有居住建筑的入口都朝向东方，具有原始生活状态下对太阳崇拜的表达。

从生活的空间领域来讲，鄂温克人在聚落层面上的生活空间具有严格的禁忌。在自然环境中，

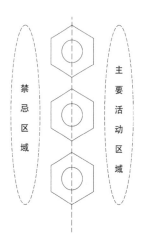

图 4-28 鄂温克族聚落空间

沿线性排开的斜仁柱群具有明确的方向性，沿前面（东方）展开的空间是鄂温克人主要的活动场所，一些集体活动以及外部事物均可在这里举行，而斜仁柱的后面被认为是不吉祥的领地，成为禁止活动的地方（图 4-28）。

三、鄂温克族建筑

（一）建筑特征

多少个世纪以来，频繁迁徙的游猎生活，决定了驯鹿鄂温克人的居住，只能是一种可拆卸搬迁并且可以在新的营地重新搭建起来的形制，这就是为广大生活在北半球北部山林和苔原地带的游猎、游牧民族广泛采用的圆锥形帐篷，在鄂温克语中把这一居住形式称作"斜仁柱"，意思是"用小杆搭的房子"，也称为"撮罗子"。驯鹿鄂温克人的斜仁柱通常被一圈木栅栏围起，这是防驯鹿用的。栅栏一般为五边或六边的多边形，其中一边是门，与斜仁柱的门的方向一致。栅栏高1米有余，距离斜仁柱的底边1米左右。（图 4-29）

斜仁柱在外形上呈圆锥形，用 20～30 根落叶松杆搭建而成，高约 3 米，直径 4 米左右。斜仁柱有大小之分，较小的能睡 4～5 人，较大的可睡 7～8 人。传统上夏季用多块成楔形的称为"铁哈"的桦树皮、草围子等覆盖物顺着门的方向分层压接斜仁柱，形成像图案般的纹迹；冬季则在斜仁柱上覆盖鹿皮、马鹿皮等兽皮或毛毡，以防雪御寒。门帘是斜仁柱覆盖物的横向延长，白天掀起来，夜晚放下，斜仁柱顶部尖端处留有小孔，形成了自然的烟筒，里面隆起火可以煮肉、烧饭、取暖，室内铺有兽皮可席地而坐。（图 4-30）

（二）建筑空间特征

日本学者吉阪隆正提出居住场所同心圆的空间结构理论，即外侧范围是防范警戒圈，然后是逃避圈，最内接近的范围是反击圈，后来的发展构成了同胞圈、熟人圈、朋友圈、知己圈和亲密圈的空间界定。从某种意义上讲，人类是根据自我防范意识来界定空间的，体现在住居空间上，就使生活具体化了。

鄂温克人的建筑空间布局也具有同心圆的特

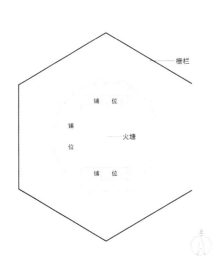

图 4-29 斜仁柱平面图

图 4-30 斜仁柱外观

征形态。最外围是赖以生存的自然环境；具有人类意识构建的住居形态从木栅栏开始，木栅栏的存在便成为防范驯鹿及野兽的有效途径；再次更加靠近中心的维护圈是斜仁柱的骨架与覆盖物，它们的存在为家庭生活提供了确定的区域和安全庇护，由于具有初级的社会生产方式，鄂温克人的个人与社会生活混合在同一空间中，因此在斜仁柱的内部具有多功能交织的特点，从公共性到私密性的诸多行为都在同一空间中完成，仅是在铺位的座次等级上有所区分；再向内靠近，位于整个空间群中心的是火塘，这便是原始生活方式中家庭的活动中心与精神中心。

基于火塘在家庭生活中的重要作用以及对火塘的崇拜，鄂温克人的斜仁柱以及外围的维护界面从平面和剖面上都体现出火塘的绝对核心性。从平面上，铺位的"U"形排布从几何意义上具有隐含的中心性，该图形的存在即暗示了中心空间的存在，或者换句话讲，"U"形铺位使得中心空间更加强化，并且这一强化从铺位－建筑界面－维护栅栏进行不断升级，或者我们可以说，火塘中心性的存在一定程度上控制了鄂温克人原始住居的形态生成，并以此为中心形成各层级同心形态的渐次排布。因此，我们能够看到从 U 形铺位－圆形斜仁柱界面－五边或六边形栅栏的同心排布，最终形成斜仁柱物质形态的形制特征。

从剖面上，斜仁柱骨架搭建后，会在顶部表皮的覆盖中留有孔洞，孔洞与下面的火塘垂直正对，在竖向空间上再次诠释了火塘的中心位置，虽然顶部孔洞具有排烟的直接功能，但作为斜仁柱中唯一具有采光功能的设施，光进入空间中直接投射到火塘上所表达的明与周围的灰暗的对比，使得火塘的中心性更加强化并具有精神的意义。（图 4-31）

（三）建筑建造方式

基于建筑可移动的需求，斜仁柱的搭建简易、可拆卸，且由于生产生活均围绕山林展开，因此建造材料均来自于山林。斜仁柱的搭建可分为以下三步：第一步是挑选三根顶尖带杈的木杆相互咬合在一起，根部插入地下；第二步是把大约 20 多根不带杈的木杆，按顺序摆在三根带杈的木杆之间，根部也插入地下；第三步是在斜仁柱的正中间再立一个木杆儿，其顶部高出其他斜放的木杆，在这个直立的木杆的中段水平绑上一个短木杆的一端，短木杆另一端绑在与斜仁柱门口正对的一根斜木杆上，在短木杆上用来拴吊锅。由于斜仁柱的支架比较笨重，加之在林中容易获得和制作，因此迁徙的时候通常弃置不用，而只把覆盖物带走。也由于驯鹿鄂温克人的迁徙通常沿着固定的往返路线，春天住过的地方，秋季可能又回到这里，因此原来弃之不用的支架可以重新派

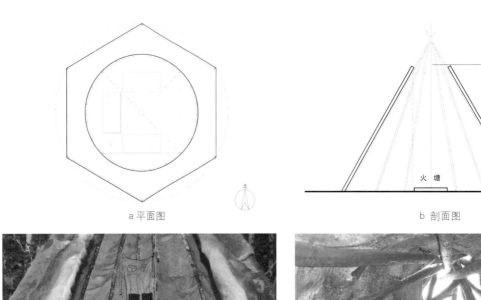

a 平面图

b 剖面图

图 4-31 斜仁柱的空间特征

c 斜仁柱中的火塘和铺位

d 斜仁柱里的天窗

a 骨架搭建（来源：呼伦贝尔市申遗中心）

b 狍皮围子（来源：呼伦贝尔市申遗中心）

图 4-32 斜仁柱的建造

c 挂门帘

d 斜仁柱桦树皮围子（来源：呼伦贝尔市申遗中心）

上用场（图 4-32）。

除了斜仁柱外，驯鹿鄂温克人直到今天还建有具有民族特点的树上仓库，它以自然树为四柱，高约 3～4 米，保证野兽特别是熊上不去的高度为宜。搭建仓库的时候首先要截断树冠，过去在树桩上用较细的檩子搭成木质小房子，现在只是在树桩上很简单地搭上木杆，储藏猎物、食物、衣服、工具等。上面盖着桦树皮，遮挡雨雪，可防野兽又不潮湿，人们登梯上下仓库从来不设锁，他是家族社会共有的设备（图 4-33）。

四、传统文化表达

斜仁柱具有特定的方向性，入口朝向东方表达了原始居住状态下对太阳的崇拜，因此斜仁柱的内部空间也具有了特定的方向与等级关系。在斜仁柱内部，"U"形的铺位开口正对入口的公共空间，与入口相对的铺位成为等级最高的地方，称为"玛路"，一般会悬挂神偶。入口两侧的铺位也会有等级差异，靠北的铺位等级次之，南侧铺位等级最低。与此同时，以中心火塘为分界，在斜仁柱内部会隐含一条平行于"玛路"的界限，对男性和女性的活动区域进行了限定。

从以上可以看出，驯鹿鄂温克斜仁柱内部具有严格的空间划分，人在里面的活动根据传统也有严格的规定。根据史禄国的调查显示，斜仁柱一进门的右侧（即北侧）由家长占用，幼童和父母在一起，到一定年龄后即移到左侧（南侧），一进门的左侧为超过一定年龄的子女使用，一般

图 4-33 鄂温克人仓库

为成年女子的席位。正对门的位置称玛路神位，是用来放神像的地方，也是斜仁柱内最尊贵的席位，由男性家族长或年长者落座，妇女不得靠近，单身和受尊敬的男人，也可以住在玛路神位。在宾客访问时，根据他们与家长关系，把他们让到

图 4-34 斜仁柱传统文化表达

相应的席位，因此往往由男宾客占用玛路神位。在驯鹿鄂温克的斜仁柱内，最好的席位就是马路神位，其次是一进门的右侧位，最后是一进门的左侧位[15]。（图 4-34）

第三节　俄罗斯族

一、族源与民族历史

我国内蒙古地区的俄罗斯族是一个拥有境外俄罗斯人和中国人（绝大多数为汉族）双重血统的特殊群体，其历史与两个民族的人口迁徙和相互往来密切相关。内蒙古地区的俄罗斯族主要聚集在呼伦贝尔的额尔古纳市。

额尔古纳河是中俄的界河，位于蒙古高原东北部，源自大兴安岭西麓，在漠河汇入黑龙江。1689 年以前，由于没有确切的国界，额尔古纳河两岸的居民一直往来自由，居住不受限制。1689 年，中俄签订《尼布楚条约》，正式确定两国以额尔古纳河为界，左岸归俄罗斯，右岸归中国。但条约中也规定，"从前我国所有俄罗斯族之人及俄罗斯所有我国之人，仍留如旧，不必遣回。"就这样，两岸居民的各种往来并未因条约的签订

而终止。清政府为了防止俄罗斯人越界，从 1727 年起，陆续在额尔古纳河右岸设立了座边防卡伦，[1] 而俄罗斯人也于 1728 年在额尔古纳河岸边建立了一个哨卡，作为贸易站点，后又增建了一个哥萨克哨卡。俄罗斯商人们每年夏天从尼布楚及其他城市赶来，和当地居民进行商品交换。由于中方无人监管，后贝加尔的哥萨克士兵常将自己的牲畜赶到额尔古纳河右岸，放牧、打草、狩猎，许多哥萨克在这里都有自己固定的土地[16]。

俄罗斯人向中国的第一次大规模移民始于 19 世纪和 20 世纪之交。19 世纪末，黑龙江流域发现沙金，大批俄罗斯人非法越过边界，到中国境内淘沙采金。1898 ~ 1803 年中东铁路修建之时，特别是修建初期，铁路沿线有组织地迁来大批俄罗斯移民，沙俄推行的各种优惠政策，也从某种程度上促进了铁路沿线俄罗斯人的聚集。1900 年，义和团运动爆发，又有许多俄罗斯人流入中国境内。十月革命（1917 年）后，俄罗斯人向中国的移民达到高潮。由于俄国国内战争，致使大批俄罗斯难民外逃，俄罗斯人从邻近的阿穆尔河流域成批迁往满洲里，其中许多人落户额尔古纳。据《呼伦贝尔志略》记载，1922 年在额尔古纳市定居的俄罗斯人共 1855 户，9883 人。20 世纪 20 年代末 30 年代初，苏联农业集体化及大饥荒时期，又有成千上万俄罗斯移民从西伯利亚及远东地区迁往中国[17]。

额尔古纳市的俄罗斯移民按地区来源大致可分为几部分：来自西伯利亚和远东的各类人员，他们占移民的大多数，以及西伯利亚哥萨克驻军和来自俄罗斯其他地区的人员。

与俄罗斯人移居中国相反，中国也有为数不少的汉族由于种种原因流入俄罗斯境内。清朝年间，大批闯关东的汉地移民到达东北后，有一部分被俄国人招募为采金工人或煤矿工人，成为俄国官绅富农的雇工。中东铁路修建之时，又有一些山东、河北的农民被招募为铁路工人，被雇佣到俄国。在俄罗斯境内的华人主要集中在后贝加尔、靠近中俄边境的西伯利亚地区以及额尔古纳河左岸俄罗斯境内的村屯，且为数众多。

额尔古纳中俄混合家庭的建立主要有两种情况。一种情况是，单身的汉族男性与移居额尔古纳的俄罗斯女子相识并成婚。另一种情况是，俄罗斯境内的华工与当地俄罗斯姑娘配为夫妻。十月革命前后，大批在俄国华人回国定居，一些在俄罗斯组建家庭的华人，也携妻带子返回额尔古纳河右岸。这两部分中俄混合家庭所生子女即第一代的华俄后裔，是额尔古纳俄罗斯族的主要组成，至今，其后代已繁衍到第四代，乃至第五代。

二、院落与建筑

俄罗斯族所居住的额尔古纳地区地处大兴安岭西麓，具有丰富的木材来源，同时由于木材良好的热惰性，使以原木搭建的井干式房屋成为主要的居住形式，俗称"木刻楞"。木刻楞是大小兴安岭木材资源丰富地区普遍存在的传统居住形态，并非俄罗斯族所独有，但俄罗斯族的居住使其具有自身的特点。

（一）俄罗斯族院落

俄罗斯族住宅每户人家自成小院，院落宽敞，院落内主要居住用房由于气候寒冷的原因，绝大多数都会坐北朝南，以最大限度利用南侧的日照。

图 4-35　俄罗斯族院落

居住用房在院落中的位置或居于中间，或于一侧，没有固定的院落秩序，布置自由、松散。小院内会在空地上设置菜地、牲畜圈舍、储藏室、浴房等，他们喜欢在院子里种很多花卉，具有一定的民族特征性。（图 4-35）

（二）俄罗斯族住房

与大小兴安岭森林地带的汉族井干式住房均从南侧进入不同，俄罗斯族木刻楞的入口方向并不固定，有的从山墙面进入，有的从北侧或南侧进入，因气候条件寒冷，从南侧进入的住户并不居多数，而是把南向有限的采光面尽量留给使用空间。（图 4-36）

早先的俄罗斯族木刻楞都是一字形，一般设置为两间，分为外间和里间。外间是门厅并兼具厨房功能，炉灶紧靠里、外间隔墙。与汉族生活习惯不同的是，俄罗斯族喜睡床，因此在汉族居住空间中常见的炕被床所取代，炕所承载的供暖功能也随即消失。为了供暖，在俄罗斯族木刻楞中，里外间的隔墙被设置成为火墙，成为屋中唯一的取暖设施（图 4-37）。俄罗斯族木刻楞室内的地面多铺木板，与充足的木材资源有关，也使得住房的内外有了清晰的界限，人的活动有了内外的界定。俄罗斯族喜好干净，屋内布置干净整洁，虽然朴素，但处处体现俄式的浪漫情怀：桌子、窗户、床上喜欢布置白色绣花的布帘；家中四处都是开满鲜花的植物。由于俄罗斯族人信仰东正

图 4-36 俄罗斯族住房

图 4-37 室内布置

教，所以一般都会在里间的墙角处供奉着圣母玛丽亚的神像。（图 4-38）

　　额尔古纳地区由于气候寒冷，因此俄罗斯族的木刻楞为了保证冬季室内足够的舒适性，所选择的原木直径通常在 180 ～ 200 毫米以上，墙体由圆木垒砌而成，因此不会有通长的长窗，每个窗户独立存在，南向的会大些，宽度约在 1500 ～ 1800 毫米左右，其他方向不开窗或开小窗。与汉族的住所不同的是，立面会在窗上附加具有民族特色的窗套作为装饰，其余地方都很难见到装饰的痕迹，房屋不施色彩，都以原初的建造方式呈现。为了使房屋保温性能更好，也基于对墙体的保护，有的人家会在圆木外面抹一层白灰和泥来御寒。（图 4-39）

（三）木刻楞建造方式

　　木刻楞的建造可以分为以下几步：

　　打地基：早先的木刻楞是直接把圆木墙体落在地面上，但随着时间一长，木头就会腐烂，房屋进而也会倒塌，所以之后所建住宅，都会有石头作为基础。在平坦的地面开挖基槽，基槽宽约 500 毫米，深约 300 毫米，之后在基槽内垒砌石块，形成表面平整的矩形基础，基础高出地面依地形及户主的要求而定，一般为 300 ～ 500 毫米。基础用水泥灌缝，使其结实、牢固。

　　垒墙身：挑选直径为 18 ～ 20 毫米的挺直松木几十根，去枝杈剥皮晒干后两端削平，再按尺寸把圆木的下侧做出圆弧形凹槽，上端保持不变，以使得上下圆木在相叠时能够相互咬合，稳定牢

图 4-38 俄罗斯族住房室内

固。上下两个圆木之间还会以木楔相连接，即在木头上钻以圆孔，敲入木钉。木钉在每根松木上一般有两三个，上下层木钉彼此错开。层层圆木间用青苔塞缝，用以增大摩擦并且保温。有的墙体垒完圆木之后会在门窗洞口之间加立柱支撑，以保持结构的稳定（图 4-40）。

木刻楞的平面一般都为矩形，相垂直的两面木墙在相交时会有两种做法：硬角与悬角。硬角（燕尾形角），先把每根松木放在转角处一端加工成楔形如同燕尾，再根根上摞。转角处先出挑30 ～ 50 毫米，供人在建造房屋时抬用，摞好后锯掉，形成整齐的硬角，也有的在硬角外再包上

长条木板并涂油漆，作为装饰和保护。这样处理的建筑转角干净利落，外大里小的燕尾榫使转角处松木结合稳固。悬角（大码头角，也叫大角），每根松木边摞边刻槽，在转角处多面刻槽使两圆木相贯，转角处两侧圆木出挑约 200 毫米左右，形成一种十字形悬角。出挑的圆木外大里小把转角处紧紧卡住，使其结合稳固。悬角使木刻楞房豪放粗犷，具有原始的野趣。（图 4-41）

上屋架：木刻楞房常用人字形屋架。一般房屋有七根大柁，在每根大柁处钉人字形屋架。每个屋架用两根斜木筋或金属吊筋吊住，起到连接大柁、稳定屋架的作用。沿人字形屋架间隔约一

a 原木外墙

b 外墙抹灰

图 4-39 木刻楞的外观

c 抹泥外墙细部

d 抹泥外墙

a 打地基

b 垒墙身

图 4-40 木刻楞的建造

c 打木钉

d 垫青苔

米钉檩条，檩上挂椽，然后钉木楞，上覆雨淋板或石棉瓦，现在大多数采用镀锌铁皮或金属板作屋面。因为金属材质阻力小，冬季不易积雪，可减轻屋架荷载。保温屋做法是在大柁上钉一层木板形成顶棚，上覆一层灰袋纸，抹一层草泥，晾干后再压30厘米厚干马粪（因马粪颗粒细小且不易燃）或煤灰，锯末等达到保温御寒作用。大柁下面作屋内天棚抹麻刀灰，再刷一遍白灰。同时木刻楞房的屋檐距外墙出挑几十厘米左右，可防雨防晒。

上门窗框装饰：因木材具有很好的抗弯性能，故在门窗洞口上不需另加设门窗过梁。多为木框双层玻璃窗，之后在门窗洞口上加上富有民族风情的装饰（图4-42）。

图4-41 木刻楞墙体的硬角与悬角

图4-42 木刻楞上屋架

注释：

1 达斡尔族简史编辑组.达斡尔族简史[M].北京：民族出版社，2008.

2 达斡尔族简史编辑组.达斡尔族简史[M].北京：民族出版社，2008.

3 陈述.试论达斡尔族的族源问题[J].民族研究，1959(08)：43-50.

4 吴东颖．契丹古尸分子考古学研究[D].中国协和医科大学，1999.

5 许月．辽代契丹人群分子遗传学研究[D].吉林大学，2006.

6 王迟早，石美森，李辉.分子人类学视野下的达斡尔族族源研究[J].北方民族大学学报(哲学社会科学版)，2018(05)：110-117.

7 卜林.达斡尔族的"哈拉"和"莫昆" [A].达斡尔资料集(2)[C].北京：民族出版社，1998.

8 卜林.达斡尔族的"哈拉"和"莫昆" [A].达斡尔资料集(2)[C].北京：民族出版社，1998.

9 巴达荣嘎.对达斡尔族称及族源问题的看法[J].内蒙古社会科学(文史哲版)，1993(02)：53-57.

10 张宏.广义居住与狭义居住——居住的原点及其相关概念与住居学.建筑学报，2000(6).

11 达斡尔语，意为池式火炕.

12 干志耿、孙秀仁.黑龙江古代民族史纲[M].哈尔滨：黑龙江人民出版社，1982.

13 孟志东.达斡尔族源研究述评[J].黑龙江民族丛刊，2000(02)：77-80.

14 干志耿、孙秀仁.黑龙江古代民族史纲[M].哈尔滨：黑龙江人民出版社，1982.

15 俄史禄国.北方通古斯的社会组织[M].呼和浩特：内蒙古人民出版社，1985.

16 白萍.内蒙古华俄后裔的身份选择与认同[J].世界民族，2019(01)：104-110.

17 白萍.内蒙古额尔古纳俄罗斯语研究[D].中央民族大学，2010.

第五章　民居营造适宜性和营造工艺

第一节 民居营造适宜性

地域的风土塑造了这一地区的生产生活方式，也诞生出符合风土与生活方式的住居形态。内蒙古地域辽阔，民族众多，东西地形地貌、气候条件差异明显，从民族及生产生活方式来看，囊括农耕、游牧、游猎文化的多种形态，内蒙古地域的传统民居对风土与文化都做出了适宜性应答。

图 5-1 生土外墙

一、对气候条件的适应

（一）气温

内蒙古大部分地处我国建筑气候分区的严寒地区，因此建筑对于气温的适应，只需考虑防寒，而无须考虑夏季隔热的要求，内蒙古定居式传统民居的防寒主要通过建筑的被动适应和建筑室内的主动采暖两种方式来实现。

1. 建筑的方位

内蒙古地处北方，顺应气候特征，汉族式传统民居中住房大多坐北朝南，使得冬季北侧以厚重的墙体抵御寒冷，南侧大面积开窗接纳阳光，夏季则利于通风，建筑的方位对气候温度进行应答，做到冬暖夏凉。

2. 外围护墙体

外围护墙体是建筑防寒的主要防线，内蒙古汉族式传统民居中，东、中、西非森林地带都会就地取材，多以生土为原料作为墙体，或直接挖窑洞，或夯土、土坯砌筑外墙作为承重或维护结构（图 5-1），外墙的厚度为 400 ~ 600 毫米，利用生土的高热容性，使住房在冬季具有很好的防寒功效。由于内蒙古地区冬季为东北风，一般北、东、西三侧的墙体还会厚于南侧墙体，使墙体的维护在冬季更加有效。

在内蒙古东北部靠近大兴安岭的传统民居，则利用木材的保温性能，或以整个原木的垒砌作为墙体（图 5-2），或以木板、苇笆和泥共同砌筑墙体（图 5-3），以抵御寒冷冬季。如俄罗斯族利用原木垒砌的井干式住房，木材的直径一般为 20 厘米以上，以保证墙体具有足够的保温性能，同时会在原木之间放置苔藓填补缝隙。室内会进行抹灰（图 5-4），有的人家也会在墙的外侧斜向钉好木条，上面抹灰（图 5-5），这些措施都是应对寒冷气候的有效举措。

3. 屋顶

内蒙古地区的传统民居在降水量较少的中西部地区，屋顶多为覆土屋面，由于房屋屋顶的坡度很缓，因此与墙体一致，利用土的保温性能进行防寒（图 5-6）。在东部及大兴安岭地区，由

图 5-2 原木垒砌墙体

图 5-3 木板、苇笆和泥共同砌筑墙体

图 5-4 俄罗斯族住宅中室内的抹灰

图 5-5 俄罗斯族外墙抹灰

图 5-6 覆土屋面

图 5-7 茅草屋面

图 5-8 俄罗斯族住房平屋顶上铺牛粪

图 5-9 俄罗斯族两屋顶间山墙开口

于降水逐渐增多，因此屋面会利用厚厚的茅草层覆盖进行防寒（图5-7），室内有的吊成平顶，利用空气的间层进一步阻挡寒冷空气，也使室内的热量不易散失。在用雨淋板作为屋顶的东北部民居中，尤其是俄罗斯族的木刻楞住房会有两个

图5-10 晋风农宅南向开窗

图5-11 木刻楞住宅南向开窗

图5-12 赤峰地区生土农房南向开窗

图5-13 阿拉善定远营民居南向开窗及檐廊

屋顶上下叠置，雨淋板的坡屋顶用来排水，平屋顶的部分依然用木板铺在梁上，木板上铺厚厚牛粪，以达到保温效果（图5-8），甚至两个屋顶间山墙的开口处直通室外，里面作为仓库存放物品（图5-9）。

4.门窗形式与保温

门窗是保温维护结构的薄弱环节，因此在内蒙古地区汉族式的传统民居中，为抵御寒冷气候，北、东、西三面的墙上基本不开窗，或开很小的窗户，以达到保温的效果。室内的采光完全依赖于南向开窗，因此为了采光，同时也可以在冬季吸纳更多的阳光，夏季有良好的通风，南侧会开相对较大的窗户。对于内蒙古中部晋风的农宅，南向窗户将占据除立柱之外所有的南向墙面（图5-10）；对于生土为承重结构或井干式住房，则在结构允许的范围内，尽可能加大开窗面积（图5-11、图5-12）；对于阿拉善南部处在寒冷气候区气温相对较高的地区，开窗的方式也均为南侧大窗，其他方向开有小窗或不开窗，以防寒和风沙，正房的南侧通常会设置檐廊，夏季有一定的防热功效（图5-13）。

在内蒙古的汉族式传统民居中，从大兴安岭东侧到西部的阿拉善地区，正房均为"一字形"，入户门也均开在南侧，而在大兴安岭西侧的住房，由于气候比南麓地区寒冷程度高，因此入户门很多都开在住房的北侧，而把南向的开间全部留给居住的主要空间，如卧室、起居，以应对更加寒冷的气候条件。

5.室内取暖系统

内蒙古地区传统民居定居式住房中，室内的取暖方式以烧炕为主，在大兴安岭南侧到阿拉善地区的住房中，炕基本是室内取暖的唯一设施，而在大兴安岭北侧的住房中，由于气候温度下降，还会在室内加入火墙，以辅助室内在冬季的采暖。而对于主要居住在大兴安岭北侧额尔古纳河附近的俄罗斯住房，由于民族生活习惯的原因，会选择床作为就寝方式，而室内的取暖完全依靠火墙。

传统时期的生活方式中，炕会和做饭的锅台

连在一起，在炕内盘烟道，利用做饭的余势取暖。炕在室内占据很大一部分空间，是室内最主要甚至唯一的冬季取暖设施，因此炕也成为家庭生活中的核心区域，就寝、起居、会客以及辅助做饭的功能都会在炕上发生。内蒙古地区具有一进进深的传统住房的炕多为北炕或南炕，南侧阳光充足的区域可以放置其他家具，如沙发、桌椅等，使得室内空间在冬季温度均衡；以山西移民而产生的晋风民居中，房屋中的炕多以靠西侧通进深展开；对于大兴安岭北侧的住房，火墙会设置在炕和炉灶之间，成为室内抵御寒冷的第二种取暖设施。

（二）降水

内蒙古地区东西直线距离 2400 多公里，形成以温带大陆性季风气候为主的复杂多样的气候特征。大兴安岭北段地区属于寒温带大陆性季风气候，年降水量大于 400 毫米；巴彦浩特－海勃湾－巴彦高勒以西地区属于暖温带大陆性气候，年降水量仅在 50 ~ 150 毫米；介于上述两者之间的广大地区属于中温带大陆性季风气候，年降水量在 200 ~ 400 毫米。以上三个区域形成了内蒙古地区从东到西降水量逐渐降低的分布规律，降水量的变化在内蒙古和汉族式传统民居的形制上具有清晰的反应。

从建筑气候学的微观角度看，降水量反映了一个地区的干湿程度，是确定区域雨水排水和屋面排水系统的主要设计参数。涉及屋面防水的技术、坡度、材质、几何形态等一系列具体技术问题，并直接影响到屋面雨水的排放，墙面防水建筑营建因素。

1. 屋顶雨水排放

对于内蒙古地区的传统民居，无论是生土住房，还是土木混合或纯木的房屋，在屋顶均呈现出地域性及方便易行的气候应答。从总体上来看，屋顶的坡度由东到西逐渐平缓，在内蒙古阿拉善地区屋顶基本为平屋顶。

（1）无瓦平屋顶：无瓦平屋顶主要分布在内蒙古西部阿拉善地区以及以巴彦淖尔市为主的河套平原地区，是内蒙古大陆性气候集中的区域以及与季风气候的交界区，干旱少雨是这里的主要气候特征。因此房屋的屋顶处理基本不考虑降水因素的影响，多为略微倾斜的无瓦平顶形式，坡度为 2% ~ 3% 之间。屋顶多为草泥抹顶，只在正立面有一定的出檐，其余三侧均与墙体齐平。屋顶采用自由排水的形式，经济条件好的建筑屋顶铺砌方砖，设有低矮的砖砌女儿墙，进行有组织地排水（图 5-14）。

（2）单坡式屋顶：单坡式屋顶主要分布在内蒙古中部的呼和浩特、包头、乌兰察布地区，分为有瓦和无瓦两种类型。对于无瓦的坡屋顶，从建筑外观上看，房顶一面高一面低，不起脊，南侧出檐明显，其余三面均与墙面平齐，坡度比平

图 5-14 巴彦淖尔平顶住宅

图 5-15 呼和浩特古雁村农宅

图 5-16 四脚落地农宅

屋顶略倾斜，可以达到 10% 左右，与这一地区降水量增加有关，构造上为草泥抹顶（图 5-15）。有瓦类型的坡屋顶，会在四角落地或外熟内生的房屋中出现，屋顶为硬山，南侧出檐，其余三面与无瓦屋面住房相同，均与墙面齐平。坡度比无瓦的类型要陡峭，且经常做成前长后短的鹌鹑顶，具有鲜明的区域特征（图 5-16）。

（3）双坡式屋顶：内蒙古东部赤峰以东地区（包括赤峰），大多为双坡的屋顶，屋顶四面出檐，在逐渐东移的过程中，随着降水量的增加，屋顶的陡峭程度也会随之增加。赤峰和通辽一带的农村传统民居，生土的房屋中多为双坡的草屋顶，坡度倾斜度能接近 30 度（图 5-17），屋顶的构

图 5-17 赤峰地区农宅

图 5-18 俄罗斯族民居

图 5-19 用的茅草覆盖的墙面

造会在黄泥干后，使用莜麦秸秆苫房，既有保温的功效，也利于雨水的快速排出，同时四面的出檐也避免了雨水对墙面的冲刷。在兴安盟的很多农村，以车轱辘房居多，顾名思义，车轱辘房的屋顶为拱形建造，坡度接近通辽地区房屋屋顶的坡度，屋顶用当地的苫房草厚厚覆盖，具有迅速排水的能力。在大兴安岭北段，降水量在 400 毫米以上的地区，坡屋顶的坡度已经接近 45 度，屋顶用雨淋板覆盖，既就地取材，又有效地排除了雨水或积雪（图 5-18）。

2. 墙体防水处理

由于内蒙古地区汉族式传统民居的外墙主要以生土材料为主构建，且多为承重构件，基本没有粉刷的防水工艺，大多为麦草泥抹光压实，因耐雨水冲刷性能差，视各地降水量不同，隔一年或若干年后，对表面整体进行重新处理。大兴安岭西侧陈巴尔虎旗传统民居的墙面虽为苇笆和泥混合的墙体、莫尔道嘎为木板夹泥建造的墙体，外墙也均会在外层用麦草泥抹光压实，在赤峰一带的乡土民宅中，也见到在生土墙面外层层层叠压草层的做法，似屋顶一样，把外墙也用茅草覆盖，以减轻雨水的冲刷（图 5-19）。

在经济条件好的状况下，在生土结构的外侧会进行外包黏土砖，纯生土的房子俗称"砖包土坯房"，以苇笆和泥混合构建的房子称为"苇笆贴砖房"，使墙体成双层的组合，起到既防水又保温的效果。

二、对地形地貌的适应

内蒙古以高原为主体，地势平坦，幅员辽阔，南部黄土丘陵呈断续带状展布于内蒙古的东南边缘，东北部是大兴安岭辖域的森林地带。内蒙古传统民居对地形地貌的适应性主要体现在民居的建造方式上。

内蒙古黄土丘陵是黄土高原的北部边缘地带，在黄土丘陵中段清水河及西段鄂尔多斯东南，分布着大量窑洞。为尽可能少占用可耕种的土地，窑洞的村址大多建在不适宜耕作的阳面山腰上，

利于采光、防洪、排水，聚落以一种自然的形态沿道路呈带形分布，横向沿等高线展开，布局自由灵活，与自然融为一体。窑洞因地貌特征有土窑，也有因周围采石方便用砖、石砌筑的窑洞。

东北大兴安岭地区的传统民居由于木材优势，在陈巴尔虎旗出现苇笆房或苇笆贴砖房，即内外墙以圆木绑扎成框架，木框架与木屋架连接构成房屋的主体结构，在木框架中密实填入扎成束的干苇草，充分利用了地形地貌的特征。在额尔古纳俄罗斯族的民居中，沿袭俄罗斯人的生活习惯，直接用原木垒砌房屋，是对地貌特征直接的原生反映。达斡尔族生活在大兴安岭东岸，他们的传统民居用柱子搭建骨架，墙体则用河流中地草筏子砌筑；而游猎民族鄂温克族、鄂伦春族在随牲畜迁移的过程中所构建的移动住房，更为直接地从森林中拾取木棍搭建骨架，以桦树皮和兽皮作为维护体系，离开的时候只拿走维护的覆盖物，骨架就留给森林，方式更为原始和干脆。

蒙古高原既有和平原地带相一致的定居居所，也有蒙古族驰骋在草原上的蒙古包，这与蒙古高原的地势平坦有直接关系。蒙古高原以坦荡和完整著称，非常适合农牧业的利用。从阿拉善到兴安盟的定居住房，合院式传统农宅多以生土筑墙，以地域容易获取的材料进行建造。蒙古族因为生态环境需要游牧迁移，但草原上建造木材的稀少，使蒙古包具有制作成型搬迁方便、组装快捷的特点。

三、对生活方式的适应

在特定的历史时期，西至中亚草原，东至库页岛的广阔区域，曾是阿尔泰语系诸民族的历史舞台。相似的生态环境，材料、技艺及文化习性等元素造就了这一片区域典型的风土性建筑形态。内蒙古草原位居期间，秉承了包括毡庐、斜仁柱在内的几乎所有简易居住形态。蒙古包是蒙古族的传统住居形式，历经数千年的游牧文化历程，蒙古族传承了北方游牧民族的穹窿毡帐文化，创造了以蒙古包为主，以各种帐幕类简易居所为

辅的住居文化。古时即被称为森林百姓的鄂温克族、鄂伦春族先民，在漫长的狩猎生活中创建了简易而实用的斜仁柱。逐水草而生的游牧生活、随牲畜迁移的游猎生活使这些居住形态具有可移动及方便拆卸的共同属性，也成为与草原、森林和谐共处后，与特定的生活方式相顺应的居住形态。

在内蒙古地域，农耕民族的大规模塞外移民是在清朝到民国300多年间，汉族移民使得内蒙古地区文化发生重构，大面积耕地的开发形成了阴山以南、大兴安岭以东地区半农半牧产业的现状。农耕民族的入驻使内蒙古地区与农耕文化相适应的合院式固定建筑绵延东西，并在不同区域因不同的地貌、不同气候以及不同来源，显示出相异的形制特征。虽然汉族的固定式建筑进入内蒙古后，进行了地域性改变，但定居的生活方式仍能清晰呈现农耕文明的文化根源，并逐渐影响游牧民族，使他们也走向定居。

第二节 民居营造工艺

内蒙古地区传统民居的传统工艺不同于官式做法和中原地区的常见做法，它在内蒙古特定的自然环境下，受到了本地域宗教、周边地域建筑艺术及工艺的影响，同时，对各种新元素进行了不断的重组、整合和创新尝试。

本章阐述内蒙古地区民居的营造工艺，并依据实地调研、测绘和访谈等所取得的第一手资料，对具有地方特色的工艺做法加以研究和归纳，以期展现内蒙古民居区别于其他地区民居的工艺特征。

内蒙古地区民居建筑营造技术和装饰艺术的主要特点是"多元共生，兼收并蓄"。从古至今，建筑文化和建筑营造技术及工艺的交流与融合一直是一个具有动态色彩的过程，内蒙古地区亦是如此。由于该地区存在复杂的民族种类和宗教文化背景，内蒙古地区民居传统的营造技术及工艺，在历史的长河中，历经多种文化的多次洗礼，完

成了由差异与冲突到依赖与认同的过渡，二者矛盾的统一至今仍有所体现。

内蒙古地区在漫长的历史发展过程中所留存下来的建筑遗构类型较为丰富，但保留至今的并不多，故此处的归纳难以概全。

一、土工建筑工艺

我们的祖先，从很早的时候开始，建造居住房屋就和"土"打交道，土是被人们最早使用的建筑材料。古代先民以土为穴，就这样经历了漫长的时期。因此，说起古代的建筑工程，从未离开过土。盖房子先讲"动土"，再讲"兴工"。

在内蒙古相当广泛的地区有很厚的土层，其中黏性土占着重要成分。黏性土适宜于建筑工程，富有粘结力。

用土作建筑材料，主要是因为土这种材料分布广袤，取用方便，容易挖掘，经济实用，坚固耐久。在内蒙古严寒的季节里，对房屋的保暖与防寒，土在根本上起到了基础性的防护作用。

在历史发展过程中，人们对住的要求虽然提高了，但由于生产力的低下，建筑材料仍长期以自然材料为主要选择对象，因此，土工建筑技术在长时间内仍得到大量的运用和发展。

（一）夯土版筑工艺

夯土墙工艺源于原始的夯土技术。就中国古代建筑发展史来看，最晚在商代，夯土技术就已比较成熟，到西周之后版筑技术又有所提高，高

台建筑的盛行亦与之密切相关。春秋战国至秦汉时期，夯土技术已在军事防御性建筑中广泛使用。在广大的黄河流域地区，利用黄土来做房屋的台基和墙身是非常经济便利且实用的，因此土坯砌筑技术和夯土技术都是基于地方自然条件发展出来的建筑工艺。

夯土建筑建造的墙体体量厚重，质量坚固，可以用来实现相当高大的夯筑体量，与土坯墙体作比较，其具有突出的防御性特点。因此，夯土墙体常用于建造城墙和军事堡垒。如内蒙古阿拉善盟额济纳旗的额济纳河（黑水）下游北岸荒漠上的"黑水城"遗址（图5-20）、乌审旗西夏时期的统万城内部箭楼（图5-21）等。内蒙古地区部分藏传佛教建筑仍用民间传统工艺建造，是因为夯土所能实现的高大体量和稳定的实体感符合藏传佛教建筑的形象特征（图5-22）。事实上，夯土建筑在藏族聚居地区亦是分布最广、历史最悠久的建筑形式，其历史可追溯到吐蕃时期，因此藏传佛教建筑采用夯土墙体有着自身的历史渊源。

夯土工艺具体的做法比较简单，但是比较耗工，因为在夯实的过程中，需要若干人同时作业才能完成（图5-23）。在夯筑之前，仅将建筑墙体基础素土夯实后就可支模板。建筑墙体为了防潮，一般先在夯土墙下面用砖石配以草泥砌筑的墙下肩，然后再在上面支模加土夯筑。图5-24所示的墙体可视为由不同建筑材料构成的组合

图5-20 "黑水城"遗址

图5-21 乌审旗西夏时期统万城内部箭楼

图 5-22 阿拉善左旗图克木苏木境内的妙华寺遗址

图 5-23 夯土墙工艺

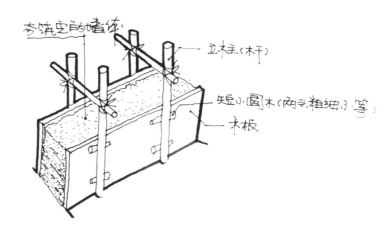

图 5-24 夯土墙工艺

墙，即下肩为石材砌筑，中部为夯土部分，较重的材料用于下部，这样使得整座建筑重心下降，对于增强建筑的稳定性和抗震性很有帮助。

在内蒙古东部，赤峰市西北部，地处内蒙古高原与大兴安岭南端山地和燕山余脉七老图山的交汇地带的克什克腾旗境内，有部分民居为夯土版筑墙体，当地称"板打墙"，板打墙墙体厚，耐寒冷。所谓板打墙，就是用两块厚度为 10 厘米，长度为 2 米，厚度约 48 厘米的木板，按照墙基的宽度，卧立在上面添土夯实。其方法：

1. 固定墙板：为防止木板脱落，需用板夹子固定。板夹子一般是前后两个，为活动工具，底面横穿木棍连接，夹子顶端制一个活榫，活榫上面嵌一个合适的木拉子，木拉子起拆卸作用。木板立好后，中间用两根木棒支撑。

2. 填土：一般是墙板上面 2 人，墙下 2～3 人，墙下的人把事先准备好的夯土材料放置在两木板之间。墙上两人边撒植物秸秆边踩踢土，使其平整。

3. 夯实：当土填至板体二分之一时，二人就开始用石杵夯实，密集夯实完一遍，继续填土，如此重复填土，夯实至一整板，这为一板墙。

石杵子是用一块方石或者圆石凿制，直径大约 30 厘米，底面较平，顶部凿一方孔，直立一木柄，柄端安装一个丁字把，起到双手提摁石杵的作用。

值得注意的是，在中国古代木结构建筑体系中，许多围合性的墙体都是在承重的木构架建成后再行施工建造的。而夯土墙体却与众不同，它的筑造先于木构架，这是由其特殊的施工工艺决定的。如果运用夯土墙的建筑先行立起承重的木柱，那么夯土墙将其包于其中，夯筑时的震动则必将对木构架造成破坏，况且木构架也会影响到模板的支设。内蒙古民居用版筑夯土外墙，依据建筑平面的外轮廓筑起外墙，由于民居进深比较小，一般不在墙上开槽立柱，而是直接把檩条搭在夯土墙上，最后完成屋顶的木构搭建。

（二）土坯工艺

在土工建筑中，土坯是建筑材料的一种，它是由天然材料变为人工材料的一种尝试。用土坯可以建造各种类型的建筑，这也是土工建筑的另一个重要方面。用它不仅可以砌墙，还可以建造土坯楼、土坯塔等。用土坯进行建筑，方便适用且坚固耐久。土坯建筑在内蒙古地区分布很广，且历史悠久。

土坯墙工艺是西北及华北地区最为普遍的墙体砌筑工艺。土坯墙工艺几乎只用到随处可见的黄土和少许农作物的秸秆等最为易得且廉价的材料，因此在经济发展水平较低的地区，这种工艺做法成为民间传统建筑墙体建造长久以来的主要方式，它不仅用于大量的民居建筑，也常用于宗教建筑，由此可见，民间传统工艺在历史上占有重要地位。

土坯墙工艺的具体做法也相对比较简单。在素土夯实的基础上，以砖或石砌起墙体下肩，在已砌筑的下肩上砌以土坯墙体的主要部分，或者在砖石砌筑的墙基上用土坯砌筑全部墙体。下肩的主要作用是墙体防潮，但在防潮要求不高的地区，用土坯砌筑全部墙体而没有砖石砌的下肩。除此以外，有时也选择用卵石砌筑下肩。

用于砌筑墙体的土坯有多种做法：黄土比较充足的地方以原生黄土加农作物的秸秆搅和均匀脱模后晾置数日风干制成；有的则直接用原生黄土脱模制作；还有的地方由于黄土不太充足，故在黄土中加一定量的黑土（黏度没有黄土强的一种呈黑色的土）和农作物的秸秆脱模制作。在图5-25所示的做法中，以草泥作为粘结材料砌筑，砌筑方法如同砖墙的砌筑一样，也需讲究平、立

结合，相互拉结，以保证墙体的整体性。墙体砌筑完成后，在墙体内外表面做墙面处理。民居建筑一般是直接用草泥抹光即可。

民居建筑，在档次较高、工艺较为讲究的传统建筑中，常以土坯为主体结合青砖砌筑墙体，发展出青砖立柱土坯墙工艺和青砖包砌土坯墙工艺，后文将详述。

1. 土窑房

土窑房是用固定的木架支撑，用土坯砌出的券洞，其地点分布以察哈尔为中心，并发散至呼和浩特、集宁、张家口等地区，当地习惯夏日住土窑，冬日住窑洞。通常，土窑房全部用土做成，因为它的形式和做法不尽相同，所以在构造上也有所差别。

土窑房以山室侧壁竖向挖出来的洞室作为房屋，极似陕西窑洞的直洞。通常一家以一洞为主，多至三洞。洞内设土灶、火炉、壁龛、土台。洞口的墙壁安设大花窗，洞顶全部为拱券，特别是土窑房，远望一片土原，看不出有房屋所在（图5-26），所以，察北人民有句谚语："风雨不自窗中入，车马还从屋上行。"

土窑房的构造方式是，首先以木模支撑，用土坯立砌成土，待土坯泥浆干后，拆去木模，上部再夯实土层。个别窑洞砌出洞口，边缘特别整齐，这种房屋受到窑洞的影响，也可说是窑洞的

图5-26 丰镇官屯堡土窑房

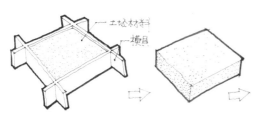

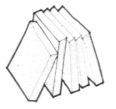

图5-25 土坯制作

一种形式。

2. 土房

以内蒙古乌兰察布地区为中心的草原偏南地区，流沙较少，黄土甚多，而且与汉族杂居，建设土房较多。这种土房地基通常挖到冻层（1.6米），每间尺度以间宽2.5米、进深4米为准。外墙全部用土坯砌筑，土坯长40厘米，宽25厘米，厚7厘米（图5-27）。

屋顶通常均采用半平顶的做法，后在荆笆上抹泥厚10～15厘米，干燥后再抹普通土5厘米，第三次还要抹泥5厘米。这样做不仅防雨，而且延长屋顶使用寿命。

半坡顶在当地称为"尾子顶"，在木椽上铺栈木或木望板（也有用席箔、树枝等材料的），在栈木上铺一层植物的秸秆（常铺"胡麻柴"），弥补铺栈木的空隙，防止泥土下漏。其上部全部抹泥土，土质需要保证特别纯净，不得掺有杂质。在施工前，首先要和泥，使得土、泥、水三者充分融合到一起，并且达到半干状态时再抹平顶部。第一次抹泥6厘米，第二次抹泥3厘米，第三次抹滑秸泥2～5厘米，分层晾晒。这种做法当地经常使用。

（三）土窑洞工艺

我国古代穴居历史久远。《易系辞》载："上古穴居而野处，后世圣人易之以宫室，上栋下宇，以待风雨；盖取诸大壮。"现存土窑洞和古代穴居有着非常密切的关系，不过在开凿方法和式样上，远比古代穴居进步。窑洞不同于夯土，它不改变土的天然结构，只是利用天然黄土层自身的力学性质成屋而已。土窑洞的筑成需要解决的问题是：窑洞位置的选择和洞形的选择、防裂、防塌、防水所需采取的措施。

土层深厚而又坚硬，土质纯净，易于开窑居住，当地村民很早就开始挖窑居住，并称这个地方的窑洞为"察北窑洞"，实则是土房。察北窑洞的特点是，全部为土洞，不用砖石镶边，窗洞开口小，门框立在正中心。洞内靠门有火炕一面，在进深方向非常注意使洞内加深作为仓库使用。

察北窑洞高度，一般在2.8米左右，选择在平沟或半崖的侧面，洞顶距离崖面很高，由于土质坚硬，从不塌崖。

土窑洞一般可使用数十年，年代过长则需要另辟新窑。窑洞在发展过程中，除了装饰手法、门窗装饰的进步变化外，其结构方式没有太大变化。

二、木结构建筑工艺

木结构是我国古代建筑的主流。木结构建筑是以木材构成各种形式的梁架作为整个建筑物的承重结构主体，墙壁只起维护作用，不承担荷载。古代劳动人民用这种方法建造了许多规模宏大、形象舒展、构造坚固的建筑。迄今还保存着历经千年的宏伟木构建筑，显示出木结构技术的成就。

（一）板夹泥墙

"板夹泥"民居，顾名思义，就是在木柱子两侧钉上木板，中间夹泥，在木板上钉上木条，在其表面抹黄土和少许植物秸秆等拌和的泥巴。在不同地区其做法不同，但"板夹泥"民居称谓在当地已约定俗成。

位于内蒙古呼伦贝尔市额尔古纳市管辖的莫尔道嘎，地处大兴安岭北段西坡莫尔道嘎河畔。当地民居的营造工艺与"板夹泥"民居有所不同，

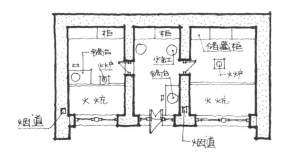

图5-27　集宁地区
土房平面示意图

图5-28　板夹泥房

但当地也称其为"板夹泥"（图 5-28）。

在"板夹泥"房建造时，首先要做基础，基础底面标高一般不施到冻土层以下，只是在平整的地面上下挖约 30～40 厘米的基础槽，然后用砖石等材料砌筑基础。基础做好后，开始建造地面以上的建筑部分。

首先准备木立柱和木人字木桁架，一般在准备动工之前已经准备好，作为立柱的木材一般选择直径 15～25 厘米的原木作为选材，并且是已经自然干燥的木材。在制作柱子和人字木桁架时，一般不使用榫卯，柱、梁、屋架互相连接处，直接使用钉子。

在柱、梁、屋架立起完成后，在柱与柱之间，补充竖向紧密的立柱形成木柱围合的墙体，并在墙体一侧钉上倾斜约 45 度方向的板条，板条一般为 5 厘米见方的方木，在墙体另一侧同样钉上倾斜约 45 度方向的板条，但是倾斜方向不同，使立柱、内外墙面不同倾斜方向的板条，形成稳固受力体系（图 5-29）。在墙面骨架完成后，在人字桁架的横梁上铺设木板，作为屋顶的第一层屋面板，然后在人字桁架上置檩条，檩条上不使椽子，直接钉望板，作为屋顶的第二层屋面板。之后在第一层屋面板上铺设 30 厘米厚的锯末来作保温，当地民居也有在此处放置牛粪的。在墙体板条外侧抹上掺有风化沙和剁碎小叶樟的黄泥，黄泥塞满板条及紧密圆木柱子的缝隙，抹泥范围只在人字桁架的横梁及以下，以上部分钉

置木板，不抹掺有风化沙和剁碎小叶樟的黄泥，这样有利于第一层与第二层屋面板之间自然通风（图 5-30）。

标准的板夹泥屋内的布局是中间的火墙隔出厨房、卧室和客厅。厨房的柴火灶连通着火墙，与卧室的土炕都汇入烟囱。在室内角落，火炕和木地板下布置储存过冬食物的地窖。

（二）苇笆贴砖墙

苇笆贴砖墙体传统民居主要分布于内蒙古呼伦贝尔市西北部，地处呼伦贝尔大草原腹地。苇笆贴砖墙体实际是木结构体系建筑，围护墙体苇笆填充，墙体表面抹泥，居民在经济允许的情况下，在苇笆墙体外包砌黏土烧结砖的墙体工艺。如，位于内蒙古呼伦贝尔市西北部的陈巴尔虎旗境内，分布有此类墙体的民居。

苇笆贴砖墙体民居，首先用砖石砌筑房屋基础，木柱作为竖向承重构件，柱上架梁，梁上置檩条，檩条上铺设椽子。当地冬季气温较低，一般民居有两层屋顶，第一层屋顶为平屋顶，在平屋顶基础上做第二层坡屋顶，屋顶做法与板夹泥墙民居类似，在此不再赘述。

苇笆贴砖墙体的构造方式是在柱子一侧之间钉横向木板，也有钉横向木条，木板或木条间距一般为 30～40 厘米，横向构件完成后，然后在另一侧填充已经扎成捆的晾晒干的芦苇，填充芦苇时，自下而上，填充完成芦苇后，再在其表面钉木板或木条，使芦苇固定在墙体中间。最后在

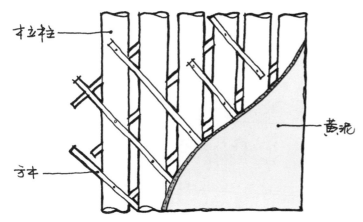

图 5-29 板夹泥房墙体做法

图 5-30 屋顶

图 5-31 苇笆贴砖墙体

墙体两侧表面抹黄土和少许农作物的秸秆等拌和的泥巴（图 5-31）。由于外围护墙体的表面泥巴易被雨水冲刷，每年要在原有墙体的外表面抹上一层新泥巴来延长墙体寿命。在人们生活富裕、交通便捷的情况下，在墙体外侧砌筑一层砖墙，在价值审美上体现出对于砖墙面效果的认同与青睐，又减少了对墙体的维护次数。但在遭遇震害时，后加砖墙体最易倒塌，其稳定性还不及原有苇笆抹泥墙体。

三、砖结构建筑工艺

内蒙古民居建筑不管是墙体与内木构框架结合承重，还是墙体只起维护功能，这些墙体都有各自的特点。这种状况的发生有多种原因，主要原因归纳为三种：其一是对传统工艺的继承，其二是受当地经济条件和地方材料的限制，其三是较为先进的建筑工艺对审美取向的影响。其形式概括起来有多种：主要有土坯墙工艺、青砖立柱土坯墙工艺、青砖包筑土坯墙即"夹芯墙"工艺、青砖墙工艺等类型。这些工艺有的同当地的传统工艺体系，有的是周边地区建筑工匠带去的当地工艺体系，有的仅属其中之一，有的两者皆有并结合，同属两套体系的工艺在具体做法中也存在细节上的差异。现将各类墙体建造工艺逐一介绍。

（一）青砖立柱土坯墙

青砖立柱土坯墙在内蒙古地区民间广泛使用，其做法主要运用于建筑的外墙建造。它在就地取材使用土坯的同时，又局部表现了砖工，是一种既经济又比较讲究的墙体做法。这种做法在乌兰察布市地区现代俗称"砖剪边"。建筑墙体砌筑工艺与土坯墙体砌筑工艺相同，青砖立柱土坯墙与砌筑土坯墙体类似，在砌筑墙体时将需要设在墙内的柱子包砌于其中。墙体砌成后，墙体两端的青砖部分形如壁柱，这就是所谓的青砖立柱土坯墙体工艺。其与墙体上肩和下肩共同构成一圈青砖外框，框的中间部分为处理平整、比较美观的土坯墙。从结构上看，青砖立柱不但起承重作用，而且强度比土坯墙部分要高，其作用相当于现在砖混结构中的构造柱。因此，从力学上看，此工艺的墙体力学性能比土坯墙的要好。从视觉感受上，两种材料形成对比的效果，虚实结合。在民间较多见，尤其近代。

（二）青砖墙工艺

内蒙古民居建筑的青砖墙工艺在具体做法上与明清北方官式做法以及整个黄河建筑文化圈的青砖墙工艺无太大差异，只是在砖的砍磨加工工艺中不像官式做法那样严格细腻、砌得严丝合缝。官式墙体做法中的"干摆墙体"在内蒙古民居建筑中几乎没有，"丝缝墙体"也不多见，大部分运用"淌白墙"、"糙砌墙"等。其余方面在这里就不作详述。

（三）青砖包筑土坯墙工艺

砖包筑土坯墙工艺又称"夹芯墙"工艺，是土坯墙体外包以青砖墙体，这是土坯与青砖的另一种砌筑方式。这种工艺砌出的墙体全部表现为砖清水墙面，这种墙体一般较厚。此类墙体在当地又称"夹芯墙"。顾名思义，青砖包筑土坯墙，"芯"是土坯砌筑的墙体，"皮"是青砖包筑的做法，甘青地区把这种砌筑工艺称之为"砖裱墙"，则更为形象。这种做法由于将厚度有限的墙体分解成了两、三层皮，因而在各类墙体中力学性能最差，采用各种拉结措施也是出于无奈。在遭遇震害时，砖包土的墙体最易倒塌，其稳定性还不及土坯墙体。由此可见，青砖包砌土坯墙工艺的出现主要是源于人们受经济条件所限的同时，在价值审美上对于青砖墙面效果的认同与青睐。

在内蒙古民居建筑当中，也有青砖包筑夯土墙的，该工艺与青砖包筑土坯墙工艺类似，在这里不再赘述。

四、石结构建筑工艺

石构建筑是我国古代建筑的一个组成部分。商早期宫殿遗址，在木构建筑的柱下使用了石础。《礼记·曲礼》记载："天子之六工，曰：土工、金工、石工、木工、兽工、草工"。说明石工是六工之一。春秋战国之交，我国进入封建社会，铁工具的普遍使用，为石材的开采和加工创造了有利条件。秦汉以后，石材较普遍应用于各类建筑上。

石材的砌筑，一般采用上下错缝、平叠垒筑，和一般砖砌体没有多大区别。为了加强墙体的稳定，也有采用空斗墙的砌法。在需要出挑的部分，使用叠涩。石块与石块之间一般不用胶结材料。

石材在建筑材料中具有抗压、耐腐蚀、不易磨损变质的特点，古代劳动人民很早就掌握了石材这种优点，运用在各种石作上，成为建筑工程一种重要的专业技术。下面对内蒙古地区石结构民居工艺作一简单概述。

石窑洞

石窑洞的砌筑过程又称"箍石窑洞"，在内蒙古地区，石窑洞分布较少，主要分布在清水河县老牛湾。老牛湾位于山西省和内蒙古自治区的交界处，以黄河为界，往南是山西的偏关县，北岸是内蒙古的清水河县，西邻鄂尔多斯高原的准格尔旗，是一个鸡鸣三市的地方。

石窑洞的修建通常以三孔窑洞或五孔窑洞为一组修建的较多，四孔、六孔较少，意在回避四六不成材的俗语。窑洞一般深 8～12 米，宽和高为 3 米左右（图 5-32~图 5-35）。

选定窑址后，一般先劈山削坡，开出一片平地，作为工地和未来的庭院，随后依着山壁挖出四条深 1.5 米的巷道作地基（三孔窑洞），俗称窑腿子。一般中腿窄，边腿宽。然后用石头把地

图 5-32 石窑洞 1

图 5-33 石窑洞 2

图 5-34 石窑洞 3

图 5-35 石窑洞内部屋顶

基础起 1.5 米高的石头墙，也叫起腿子。接着用木椽搭建半圆的拱形架子作窑坯子，在架子上放上麦秆、玉米秆等覆盖物，再抹上泥巴紧固，这道工序称为支穴，然后在 1.5 米高的石头墙上开始，在搭建好的坯子逐渐向上砌筑石头片子，最后砌筑窑洞弧顶的石头，此工艺称安口。安口后，在两个窑洞相接的倒三角地带添砌石头，然后在三孔窑洞顶以上加盖第一层石头，这时在石头插的窑坯上灌大量泥浆直至渗透不下后再垫上 1 米厚的土层，边填边夯，用石碾压平。最后移除木椽架子，石窑的雏形便显现。

合过龙口，然后砌筑窑头、垫脑畔、倒窑石旋土、裱窑掌、盘炕、做锅台、垫脚地、粉刷、安装门窗。

另一种则是在依靠山坡底，挖出窑洞形状的土坯子，然后在土坯子上插石修建，修建完成后，再慢慢挖出土坯子，土挖尽新窑即成。

主要参考文献

[1] 石蕴琮等.内蒙古自治区地理[M].呼和浩特：内蒙古人民出版，1989.

[2] 胡日勒沙.草原文化区域分布研究[M].呼和浩特：内蒙古教育出版社，2007.

[3] 汪宇平.大窑村南山的原始社会文化[J].内蒙古社会科学，1987.

[4] 贺卫光.中国古代游牧民族经济社会文化研究[M].兰州：甘肃人民出版社，2001.

[5] 林幹.中国古代北方民族通史[M].厦门：鹭江出版社，2003.

[6] 郝维民.内蒙古近代简史[M].呼和浩特：内蒙古大学出版社，1990.

[7] 闫天灵.汉族移民与近代内蒙古社会变迁研究[M].北京：民族出版社，2004.

[8] 傅增湘.绥远通志稿·民族志·蒙古族.卷73.

[9] 文化人类学选读.台湾：台湾食货出版社，1974.

[10] 蒙古调查记.东方杂志社.

[11] 郭雨桥.细说蒙古包[M].北京：东方出版社，2010.

[12] 阿拉腾敖德.蒙古族建筑的谱系学与类型学研究[D].清华大学，2013.

[13] 佚名.蒙古秘史[M].北京：新华出版社出版，2011.

[14] 额尔德木图.蒙古族图典·住居卷[M].沈阳：辽宁民族出版社，2017.

[15] 宝·福日来.蒙古族物质文化[M].呼和浩特：内蒙古人民出版社，2012.

[16] 达·查干.苏尼特风俗志（蒙古文）[M].呼和浩特：内蒙古人民出版社，2012.

[17] （俄）波兹德涅耶夫.蒙古及蒙古人（第二卷）[M].呼和浩特：内蒙古人民出版社，1989.

[18] 赵欣，刘艳.内蒙古东部地区资源开发与生态环境现状研究[J].北方经贸，2015.

[19] 王帅.内蒙古自治区赤峰市宁城县八里罕镇特色小镇建设纪实——塞外酒乡温泉古镇[J].小城镇建设，
　　2016(11).

[20] 王旭.关于内蒙古东部地区称呼的历史缘源[J].内蒙古民族大学学报（社会科学版），2012，
　　38(03).

[21] 赵小波.全域旅游视角下蒙东地区文化旅游发展的研究[J].赤峰学院学报(自然科学版)，2017(19).

[22] 张嫩江，宋祥，张杰，王伟栋.地域视角下的蒙东农村牧区居住建筑类型研究[J].干旱区资源与环境，
　　2019,33(01).

[23] 李宏，陈永春.试论内蒙古东部地区汉族移民蒙古化现象——以李姓一家为例[J].前沿，2014(Z1).

[24] 绥远通志馆编纂.绥远志通稿[M].呼和浩特：内蒙古人民出版社，2007.

[25] 段友文.走西口移民运动中的蒙汉民俗融合研究[M].北京：商务印书馆，2013.

[26] 殷俊峰.走西口移民与绥远地区晋风民居的演变[J].史学月刊，2015(07).

[27] 宋廼工.中国人口（内蒙古分册）[M].北京：中国财政经济出版社，1987.

[28] 耿志强.包头城市建设志[M].呼和浩特：内蒙古大学出版社，2007.

[29] 柯西钢.阿拉善盟汉语方言的历史成因[A].内蒙古社会科学(汉文版)[C].呼和浩特：内蒙古
　　社会科学院，2010.

[30] 马大正.卫拉特蒙古史纲[M].北京：人民出版社，2012.

[31] 邢莉.内蒙古区域游牧文化的变迁[M].北京：中国社会科学出版社，2013.

[32] 李万禄.从谱牒记载看明清两代民勤县的移民屯田[J].档案，1987(03).

[33] 李并成.人口因素在沙漠化历史过程中作用的考察——以甘肃省民勤县为例[J].人文地理，
　　2005(05).

[34] 郝秀春.北方地区合院式传统民居比较研究[D].郑州：郑州大学，2006.

[35] 干志耿，孙秀仁.黑龙江古代民族史纲[M].哈尔滨：黑龙江人民出版社，1982.

[36] 孟志东.达斡尔族源研究述评[J].黑龙江民族丛刊，2000(02).

[37] 欧南·乌珠尔.关于达斡尔族族称与族源问题[J].内蒙古社会科学(文史哲版)，1995(03).

[38] 陈述．试论达斡尔族的族源问题 [J]．民族研究，1959(08)．

[39] 巴达荣嘎．对达斡尔族称及族源问题的看法 [J]．内蒙古社会科学（文史哲版），1993(02)．

[40] 吴东颖．契丹古尸分子考古学研究 [D]．中国协和医科大学，1999．

[41] 许月．辽代契丹人群分子遗传学研究 [D]．吉林大学，2006．

[42] 王迟早，石美森，李辉．分子人类学视野下的达斡尔族族源研究 [J] 北方民族大学学报（哲学社会科学版），2008(05)．

[43] 卜林．达斡尔族的"哈拉"和"莫昆"[A]．达斡尔资料集 (2)[C]．北京：民族出版社，1998．

[44] P. 马克．黑龙江旅行记 [Z]．北京：商务印书馆，1977．

[45] 毅松．走进中国少数民族丛书——达斡尔族 [M]．沈阳：辽宁民族出版社，2012．

[46] 毛艳，毅松．达斡尔族——内蒙古莫力达瓦旗哈利村调查 [M]．昆明：云南大学出版社，2004．

[47] 毛艳．走进达斡尔族村落 [J]．今日民族，2004．

[48] 吴依桑．达斡尔族的村落、庭院及房屋 [J]．内蒙古社会科学，1985．

[49] 鄂晓楠，鄂·苏日台．达斡尔族造型艺术 [M]．呼和浩特：远方出版社，2002．

[50] 戴嘉艳．达斡尔族农业民俗及其生态文化特征研究 [D]．中央民族大学，2010．

[51] 池尻登，石立均．达斡尔族住宅建筑 [J]．黑龙江档案，1996(06)．

[52] 达斡尔族简史编辑组．达斡尔族简史 [M]．北京：民族出版社，2008．

[53] 张宏．广义居住与狭义居住——居住的原点及其相关概念与住居学 [J]．建筑学报，2000(06)．

[54] （俄）史禄国．北方通古斯的社会组织 [M]．呼和浩特：内蒙古人民出版社，1985．

[55] 白萍．内蒙古华俄后裔的身份选择与认同 [J]．世界民族，2019(01)．

[56] 白萍．内蒙古额尔古纳俄罗斯语研究 [D]．中央民族大学，2010．

后 记

  《内蒙古民居》是 2009 年出版的全国系列民居中的一部分，当时由于一些原因搁浅，未能完稿出版，直至今日才得以补充完整。承蒙张鹏举教授的信任，我有幸接到这一任务。虽近些年对内蒙古民居有所涉猎，但全面地对其进行整理和分析，还是一次艰巨的挑战。

  内蒙古地域辽阔，拥有游牧和农耕两种典型的文化形态，内蒙古民居在两种文化中发生和发展，并在相互的交融中，结合丰富的历史基因、多样地理气候条件，呈现出诸多表达方式。对于蒙古族民居，游牧文化下传统居住形态的研究已相当丰厚，但从建筑专业以建造的角度对其进行系统阐释并不多见。基于完整性的考虑，文中以时间为线索，对蒙古族从游牧走向定居的居住形态进行介绍，呈现出两种文化交融后的多元景象，这些都是对蒙古族传统居住形态的重要补充，很多图片也是第一次公开发表，具有很高的学术价值。对于汉族及汉族式民居，内蒙古工业大学及内蒙古科技大学诸多学者在以往的研究中已经有了相当的积累，这些研究大多聚焦在农耕及城镇文化形成较早的呼和浩特、包头、乌兰察布、巴彦淖尔地区，以及具有文化独特性的阿拉善定远营，对其他地区的涉猎则相对较少。内蒙古东北部其他少数民族民居一直是笔者关注的对象，是依托于大兴安岭，有别于游牧与农耕社会的其他文化类型，在此一并进行介绍。

  本书的编写，参考了众多书籍与研究生论文，并利用 2017 年、2018 年暑假进行了多次调研，得到很多第一手资料，在此期间，也得到许多单位与热心人士的帮助。书中图片除署名外，均为作者本人、各部分负责人拍摄，或来源于内蒙古工业大学已有的研究成果。参与本书资料及测绘图整理工作、排版工作的为 2017 级、2018 级、2019 级研究生，在此对他们付出的辛苦工作表示衷心感谢。由于时间紧迫，我们的研究还很粗浅，书稿中也存在相当多的缺憾，只待业内同行批评指正。

齐卓彦

2019 年 11 月

主要作者简介

齐卓彦

    内蒙古工业大学建筑学院副教授。从事内蒙古地区民居研究和教学工作,主持内蒙古自然科学基金 2 项,参与国家自然科学基金及其他各类基金项目 4 项,跟随张鹏举教授参与编著《内蒙古古建筑》、《中国传统建筑解析与传承 内蒙古卷》、《中国传统民居类型全集》内蒙古民居部分,主持内蒙古工业大学校级精品课《内蒙古传统建筑》,在其中均负责相应的民居部分。